Hit Kishore Goswami

# Homem, o infeliz

Hit Kishore Goswami

# Homem, o infeliz

ScienciaScripts

**Imprint**

Any brand names and product names mentioned in this book are subject to trademark, brand or patent protection and are trademarks or registered trademarks of their respective holders. The use of brand names, product names, common names, trade names, product descriptions etc. even without a particular marking in this work is in no way to be construed to mean that such names may be regarded as unrestricted in respect of trademark and brand protection legislation and could thus be used by anyone.

Cover image: www.ingimage.com

This book is a translation from the original published under ISBN 978-620-2-09310-1.

Publisher:
Sciencia Scripts
is a trademark of
Dodo Books Indian Ocean Ltd. and OmniScriptum S.R.L publishing group

120 High Road, East Finchley, London, N2 9ED, United Kingdom
Str. Armeneasca 28/1, office 1, Chisinau MD-2012, Republic of Moldova, Europe
Printed at: see last page
**ISBN: 978-620-7-97565-5**

# O HOMEM INFELIZ

Hit Kishore Goswami,
Professor de Botânica e Genética
24, Kaushalnagar, P.O. Misrod, Bhopal (MP) 462026 Índia
(e-mail: hitkishoreg@gmail.com)

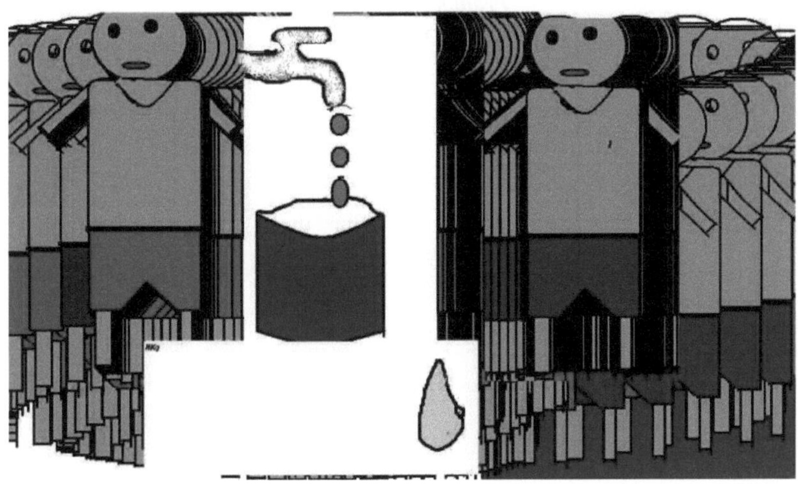

**Esta pequena apresentação é
dedicada aos meus netos**

*Bhuvi e Bhavya,*

*Subhranshi,*

*Pranjali & Parantap,*

*E*

*Subhra e Soham*

# PREFÁCIO

Este pequeno livro baseia-se no meu trabalho como biólogo de campo em zonas remotas de florestas, altas montanhas, vales, leitos de rios e praias marítimas; nas altas cordilheiras dos Himalaias e nos picos cobertos de neve na Índia e em vários países durante o ano de 19602016. Observar e contemplar as pessoas, famílias e crianças ingénuas, simples e notórias deu-me uma grande visão e tentei escrever alguns dos meus pensamentos e acções apressados. Eis um breve resumo desse trabalho.

Os seres humanos evoluíram a partir dos primeiros mamíferos e os seus parentes mais próximos foram os grandes símios, como o gorila, o chimpanzé e o orangotango. Em suma, quase todos os genes do nosso genoma provêm de parentes distantes, como as cobras, os cães, os porcos e até as moscas e os mosquitos. Assim, no nosso desempenho comportamental, alguns de nós expressam temperamentalmente características de abordagens cruéis e enganadoras. As principais características que compõem o comportamento humano básico são apresentadas a seguir: Temos genes e hábitos inerentes a traços comportamentais transmitidos e aprendidos na prática com os animais. Todos nós, incluindo todas as categorias de animais, temos as seguintes características documentadas no comportamento que é quantitativa e qualitativamente aleatório na sua distribuição; alguns têm mais, outros menos e alguns são completamente diferentes.

O homem infeliz, para os seus tesouros de prazeres sem fim, dividiu tudo e mais alguma coisa, o poder, a riqueza, e dividiu todo o chamado progresso social em demasiadas crenças e seitas que se combatem entre si desde o aparecimento de uma seita a que chamamos "civilização". Ainda hoje, o homem, que se estabeleceu há mais de um milhão de anos como espécie no mundo biológico para dominar a natureza, tenta honestamente dominar os homens de diferentes cores e regiões da mesma terra. No entanto, em alguns domínios, como o de salvar vidas através dos progressos da ciência médica e da alteração das necessidades alimentares, o Homem dominou todas as espécies. Pensamentos e acções nobres geraram intelectos de alto nível, e devemos tudo isso à nossa herança evolutiva como seres humanos. De um ponto de vista biológico, o homem é o beneficiário de dádivas evolutivas sob a forma de genes de todos os animais pequenos e inferiores e até de plantas. Para sermos mais precisos e pragmáticos, até um ou mais cromossomas humanos, por exemplo o cromossoma Y, foram moldados no decurso da evolução a partir de pequenos fragmentos de várias sequências e reunidos num único cromossoma unitário que representa um mosaico de sequências de ADN com homologia com muitos organismos. Isto também implica, como as técnicas modernas de biologia molecular demonstram muito explicitamente, que um gene funciona de uma determinada forma num organismo e tem uma função diferente noutro, devido a diferenças de posição nos diferentes cromossomas. Em suma, os genes humanos não são "exclusivamente humanos", mas pertencem a muitos organismos.

Assim, biologicamente, o homem deve todas as suas virtudes também a todas as outras espécies. Por outro lado, o homem, na miragem do progresso, tem-se esforçado por se modernizar, criando problemas excessivamente desagradáveis que tornam a sua própria vida miserável. Nos últimos tempos, as situações de aquecimento global provocadas pelo homem têm surgido de tal forma que o futuro se torna cada vez mais ilusório".

Estaremos a cavar a nossa própria armadilha mortal? É o que dizem os cientistas que acreditam sinceramente que sim. Todos os cidadãos, mesmo os menos conscientes dos problemas ambientais, devem estar convencidos de que as emissões de gases, sob diversas formas, prejudicaram a nossa biologia e o nosso ambiente, nomeadamente nos últimos 30 anos. O nível do mar subiu, as flutuações de temperatura são demasiado frequentes e o calendário natural de controlo do clima está a enfraquecer? Vejam o que conseguimos fazer enquanto "homem"! Segundo as estimativas, muitos países poderão ficar sem água potável dentro de cerca de cinquenta anos. Assim, o homem, que conquistou a natureza em grande medida durante os últimos dez mil anos, será, a seu tempo, vítima de catástrofes naturais. A catástrofe principal está na mente de muitos homens e mulheres que, todos os dias, procuram ganhar mais e mais dinheiro e se esforçam por ultrapassar todos os limites da humanidade, da ética e da moral. Dizem que "os valores morais e ético-humanos são mais interessantes nas aulas e nas páginas dos jornais do que na prática". Mas, seja qual for a definição, progredir em escândalos e fraudes, e negligenciar deliberadamente a verdade, não é progresso.

O homem como indivíduo de uma espécie será deixado para trás como um homem solitário, porque muitos homens-indivíduos podem ainda sobreviver a todas as catástrofes futuras. De acordo com os antigos escritos religiosos e filosóficos indianos, "o homem é solitário, um ser verdadeiramente solitário; ele veio sozinho e permanecerá sozinho". Para além da interação entre as potencialidades genéticas dos indivíduos e as condições ambientais prevalecentes, as práticas corruptas e as políticas de governação discriminatórias, tendenciosas e invejosas não deixam de criar circunstâncias extremamente atenuantes, tornando este mundo quase "intolerante e inabitável".

É esse o tempo que todos podemos dedicar a tornar o mundo um lugar melhor. A determinação nunca morre!

(Hit Kishore Goswami)                                   <sup>th</sup>Bhopal: 5 de novembro de 2017

# Índice

# I. OBSTÁCULOS ARTIFICIAIS

O homem, que tentou conquistar a natureza em grande medida durante os últimos dez mil anos e, em particular, nos últimos duzentos anos, será vítima de catástrofes naturais a seu tempo". Biologicamente, o homem deve todas as suas virtudes a todas as outras espécies. Os estudos moleculares modernos provaram, sem margem para dúvidas, que herdámos cópias de genes de diferentes organismos ao longo de várias centenas de milhões de anos. Na miragem do progresso, o homem tentou modernizar-se criando problemas excessivamente desagradáveis que tornam a "sua própria vida" miserável. Ultimamente, as situações de aquecimento global provocadas pelo homem têm surgido de tal forma que o futuro se torna cada vez mais ilusório. "O homem está a cavar a sua própria armadilha? Apercebemo-nos de que as formas de emissões gasosas prejudicaram a nossa biologia e o nosso ambiente, sobretudo nos últimos 40 anos. O nível do mar subiu, as flutuações de temperatura são demasiado frequentes, as aves migratórias estão a mudar os seus horários e o calendário climático natural alterou-se. Chegou o momento de recuperar e enriquecer cientificamente os ecossistemas florestais e aquáticos de água doce, monitorizando simultaneamente os nossos recursos de água do mar. O conceito de cultura da água do mar aqui descrito e reafirmado pode ser de importância universal. Ao considerar todos os factores como uma unidade, teremos de recuperar a água doce e fazer esforços hercúleos para as gerações futuras. Toda a biodiversidade depende principalmente dos ecossistemas aquáticos.

Isto é tanto mais verdade quanto a tolerância da natureza atingiu o seu zénite e **"mais pecado"** é a mensagem que nos chega de todos os cantos do ar, da água, do solo e dos ecossistemas. Todos nós, em todas as nações, somos confrontados com a degradação a cada passo, e as sociedades mais poderosas consideram-na como o resultado geral do progresso moderno. Este é um desafio à verdade!

O primeiro grande alarme sobre o "aquecimento global" foi dado pelas catástrofes hídricas [relatório Climati Changes (2009)] e a "Comissão Brundtland" apresentou o seu relatório em 1987, intitulado "O nosso futuro comum".

Entre os problemas graves, os seguintes surgiram recentemente como alertas naturais:

Está em curso um aquecimento progressivo do planeta (efeito de estufa); o nível do mar poderá subir e ameaçar as zonas costeiras baixas (os sinais são já evidentes).

A destruição da camada de ozono irá progredir muito rapidamente; sim, já é significativa.

As cadeias alimentares e os ciclos minerais serão perturbados;

A escassez de água doce agravar-se-á cada vez mais

Os ciclos irregulares das zonas climáticas dividem-se em dois.

A extinção de espécies vegetais e animais (biodiversidade) está a acelerar.

Como biólogos com sentimentos humanos, devemos decidir adotar essas políticas e práticas para reduzir os efeitos nocivos e evitar que agravem a situação.

Este documento centra-se em algumas melhorias correctivas e tenta educar os mais jovens para reparar os ecossistemas degradados e enriquecer os recursos hídricos para as gerações futuras! Não precisamos de aprender agora, antes que seja tarde demais?

Estas tentativas centram-se cm dois parâmetros:

**(A)** **. Biológica; (B) Físico-química**

As avaliações biológicas têm em conta a biodiversidade [Agarker et al (1994); Guru e Goswami, (no prelo)] nestes ecossistemas variáveis e a interdependência da água com a flora e a fauna nos seguintes domínios:

1. Zona de densidade populacional,
2. Zona industrial,
3. Zona florestal da cintura verde,
4. Água doce - Zona aquática,
5. Área de resíduos,
6. Zona desértica,
7. Zona marítima.

Cada zona deve ser objeto de uma análise pormenorizada da interdependência entre a água e o biota. É evidente que as estratégias de gestão variarão de região para região. Cada área descrita acima não será tratada aqui, pois é a "visita" ao local/área que exigirá considerações individuais para a gestão da água e do biota. Abaixo, mencionarei apenas alguns pontos que merecem ser considerados, para dar aos futuros planeadores um pouco mais de compreensão.

No tratado físico-químico, a tónica é colocada no conceito emergente de "cultura da água do mar" e nas mudanças desejadas no comportamento humano relativamente ao consumo de água.

**Observações e comentários gerais**

Um extenso trabalho de campo nas zonas florestais profundas da Índia central (Bastar, Pachmarhi, etc.) e nas colinas baixas e médias das cordilheiras dos Himalaias de Uttranchal, Himacha, Rajastão e Bengala Ocidental, bem como em algumas reservas florestais nas regiões meridionais no início da década de 1960-2010, foi mais do que convincente: a quantidade e a qualidade dos conteúdos da nossa riquíssima biodiversidade diminuíram a cada década em quase todas as regiões da Índia. Esta constatação é bem apresentada em várias apresentações oficiais e científicas no país.

As razões são conhecidas de todos, graças aos gritos populares a favor da biodiversidade que ressoam por todo o lado. Uma das medidas mais positivas tomadas em muitos Estados do país foi a instituição e o acompanhamento religioso do conceito de "florestas de reserva" e a atribuição de um estatuto nacional às mesmas. Isto ajudou enormemente o nosso património biológico nas florestas e nos campos. Sem dúvida, estas acções também ajudaram a manter o equilíbrio natural.

Atualmente, o conceito de "reparação dos ecossistemas à escala mundial" deve ser posto em pé de guerra. Em princípio, estas abordagens globais envolvem duas grandes componentes (biológica e físico-química) e compreendem dez grandes passos a dar para conservar a água a nível mundial.

**(A). Avaliações biológicas**
**(1)     Os lagos são uma fonte de conservação da flora e da fauna locais: devem ser protegidos:**
Existem cinco categorias de lagos na Índia:
(i)     Lagos de neve: a grande altitude
(ii)     Lagos naturais, formados por atividade geológica (/ vulcânica) antiga; situados principalmente em colinas a altitudes mais elevadas, muitas vezes com afluxos naturais de água em profundidade.
(iii)     Lagos geologicamente ligados a um curso de água ou ligados pela ação humana
(iv)     Lagos isolados (não lagos de pequenas cidades)
(v)     Lagos de terra seca no deserto ou em zonas de terra seca); estes lagos não podem depender da água da chuva; têm de ter um fluxo geológico de água. Assim, normalmente, grande parte ou a totalidade da água evapora-se e seca.

A conservação e a reparação dos ecossistemas lacustres devem basear-se em avaliações científicas da poluição e da biota presentes nesta região. Trata-se de locais ideais e geologicamente soberbos onde os lagos são alimentados por um afluxo perene de água dos rios; uma convicção que emergiu de um extenso trabalho de campo em muitas áreas de planícies, colinas, florestas e mesmo terras áridas na Índia. Aqui, pretendemos defender a extensão da linha de água de um rio, se e onde for possível, ao lago vizinho, a fim de o manter biologicamente vivo. Muitas plantas medicinais herbáceas são também hiperacumuladoras de chumbo, cádmio e mercúrio (pteridófitas: *Ceratopteris, Marsilea, Pteris* spp, etc.):- *Bacopa, Centella, spp;* há uma boa lista) que podem ser cultivadas em redor da bacia hidrográfica ou nas margens da massa de água, ou talvez até se possa construir um pequeno jardim de propagação de plantas medicinais locais. Já fizemos as primeiras tentativas. Estas baseiam-se em plantações extensivas em torno de Bhojwetland (Bhopal: Índia), cobrindo cerca de 40 km2 e inicialmente plantadas com 16 espécies de árvores e arbustos. As plântulas de

*Terminalia arjuna* foram plantadas em condições praticamente submersas e obtivemos excelentes resultados em termos de sobrevivência e proteção em 2000. Cada lago ou reservatório de água deve ter prioridade para que a sua bacia hidrográfica seja parcialmente coberta por arbustos ou árvores da flora local com valor medicinal. A revitalização do lago ou da massa de água deve ser formulada no âmbito de uma estratégia viável baseada nas utilizações previstas (água potável, irrigação, enriquecimento da flora e da fauna florestais, desporto e recreio). As massas de água que oferecem uma boa área de captação podem ser plenamente exploradas para plantações de plantas medicinais autóctones capazes de prosperar e sobreviver em condições parcialmente submersas ou anfíbias. Isto foi feito no Plano de Conservação das Zonas Húmidas de Bhopal - Bhoj nos anos 90 e em muitos outros locais.

## (2) A biodiversidade natural das algas desencadeia o controlo da qualidade da água

O crescimento excessivo de ervas daninhas numa área é biologicamente encorajado pelo influxo de esgotos ou descargas industriais, transformando um recurso de água doce numa massa de água "biologicamente doente". A prevalência de demasiados complexos metálicos diferentes encoraja o crescimento de ervas daninhas desagradáveis que perturbam o equilíbrio energético e de oxigénio de um lago. Os ecossistemas aquáticos constituídos por uma fauna e uma flora ricas, misturadas com numerosas espécies gravemente poluentes, acabam por degradar a qualidade da água potável. Foi constatada a presença de caracóis, de outros moluscos e de anfíbios, que constituem a base da alimentação das aves que visitam o lago durante as três principais estações do ano (estação pós-chuva: setembro-novembro; inverno: dezembro-fevereiro; verão: março-maio). A distribuição comparativa das formas de algas durante estas estações foi correlacionada com os níveis de metais (crómio trivalente, zinco, cádmio, mercúrio em proporções mais elevadas, de acordo com as directrizes da OMS para a água potável) dissolvidos na água, bem como com as impurezas em suspensão em diferentes locais de amostragem. Certas formas de algas e outras ervas daninhas foram encontradas em concentrações mais elevadas, indicando uma afinidade para os metais, por exemplo, *Stigeoclonium tenue* (zinco), *Hydrodictyon*; anomalias estruturais nos géneros de algas *Gleotrichia, Oocystis, Oedogonium, Euastrum* e *Cosmarium* e florescências de *Microcystis* indicam diferentes níveis de poluição nas massas de água. Entre os purificadores naturais, *Scenendesmus*, uma alga verde autotrófica, actua como um purificador natural em água doce; *Scenedesmus* liberta oxigénio para a decomposição bacteriana de matéria orgânica e outras substâncias tóxicas; *Scenedesmus* elimina nutrientes, em particular nitratos, azoto inorgânico e fósforo das águas residuais. O aumento do número de espécies de clorofíceas: *Chlorella, Spirogyra, Scenedesmus* em dois lagos vizinhos, situados na mesma zona de habitação humana, revela um menor grau de poluição, como demonstram os parâmetros físico-químicos e as estimativas de oxigénio dissolvido. A riqueza da biodiversidade de qualquer massa de água deve ser explorada para melhorar a qualidade da água (pode ser útil aumentar a flora algal, bem como as macrófitas nas zonas marginais); as ervas daninhas nocivas devem ser fisicamente removidas e o programa de monda deve ser objeto de um acompanhamento contínuo. Um lago que fornece água potável é a aquisição mais valiosa e deve ser conservado a todo o custo; o dinheiro pode ser ganho, a água doce não?

### (3) Salvar todas as zonas húmidas e ecossistemas aquáticos do mundo

Uma grande parte do mundo precisa de mais água doce porque o aumento da população humana é atualmente inversamente proporcional aos recursos hídricos disponíveis; o esgotamento da água é a maior desgraça deste século. O esgotamento da água é a maior desgraça deste século. Consequentemente, a conservação de massas de água com um rendimento biológico básico é o maior desafio que os biólogos, ambientalistas e planeadores enfrentam em todo o mundo, particularmente na maioria dos países asiáticos. Em muitas partes da Ásia, os grandes lagos são uma das principais fontes de abastecimento de água para milhões de pessoas. Esta situação é particularmente comum no subcontinente indiano. Então, como é que se pode conservar a água?

A experiência e os debates conduziram ao desenvolvimento de estratégias multidisciplinares para a preservação dos ecossistemas aquáticos.

(A) . O conhecimento em primeiro lugar: - A primeira abordagem consiste em identificar e avaliar a composição da biodiversidade: formas de algas, fitoplâncton, zooplâncton, insectos aquáticos, distribuição das ervas daninhas e a sua eventual correlação com os metais nas amostras de água e de solo recolhidas no lago. As contagens de espécies de moluscos, peixes, anfíbios e aves, quer habitem quer visitem, são igualmente tidas em conta na composição da biodiversidade.

(B) . A poluição pode ser avaliada com base nos níveis de metais e nas qualidades físico-químicas da água e do solo bentónico, de acordo com protocolos internacionais. O cultivo de espécies raras em jardins não significa a conservação dessas espécies; essa tentativa é boa mas demasiado míope. Precisamos de uma abordagem planeada para que as sementes ou partes de propagação possam ser mantidas, recolhidas em cada ano/época e disseminadas para uma propagação adequada. Precisamos de apoiar a construção e a manutenção de, pelo menos, um centro de conservação para dez a doze géneros. Estas espécies devem ser de grande utilidade e estar efetivamente ameaçadas ou ser raras. Este objetivo deve ser encarado como uma organização não governamental com um compromisso de autoridade para o trabalho científico e a regeneração adequada das espécies seleccionadas.

**(4)  Formação de florestas/reservas nacionais - Santuários**

Em muitas partes da Índia, colmatámos um grande fosso entre as necessidades presentes e futuras da riqueza natural da biodiversidade. Mas a maior lacuna, nunca antes imaginada, é a seca de conhecimentos práticos. Os nossos currículos de biologia (aliás, em quase todo o mundo) eliminaram recentemente os conhecimentos básicos de taxonomia. O trabalho de campo está a tornar-se uma questão pouco digna para os profissionais da biologia; o trabalho de campo para recolher a flora e a fauna, para educar ou formar estudantes está exclusivamente confinado a locais motorizados e a florestas.

**(5)  Recolha de água da chuva**

Na medida do possível, incluir como ponto importante da agenda que cada organização industrial escave uma área mínima (de outra forma inutilizável) para formar um pequeno lago (digamos um mínimo de um acre). Deste modo, a água da chuva poderá ser recolhida e o lago passará a fazer parte da cintura verde. É um facto ecológico que os principais sumidouros de $CO_2$ são a vegetação terrestre e aquática durante a fotossíntese ativa (Relatório de Copenhaga sobre as alterações climáticas). Assim que a água chega, a flora de algas desenvolve-se e, se pudermos ajudar na monitorização, este lago pode ser maravilhosamente utilizado para captar energia solar através das algas verdes. A quantidade de carbono retido e de oxigénio libertado por um hectare de lago será muito maior do que a mesma área com espécies arbóreas. Mas, como já referimos, a massa de água/lago precisa de ser monitorizada, pelo que alguns pontos podem ser mencionados.

A área deve ser vedada com um intervalo de 10 metros para evitar qualquer interferência humana ou animal;

As algas verdes, em particular *a Spirogyra* (embora comum na maioria das massas de água), podem ser introduzidas na água para estimular o seu crescimento,

As ervas daninhas de grande porte devem ser removidas todos os anos.

Consoante a superfície do lago/corpo de água e após a contagem da água e da flora, podemos recomendar que seja utilizado principalmente para o cultivo de algas.

Este facto é bem conhecido e, sobretudo, praticado em certas regiões do Japão, onde são mantidas "piscinas de algas" para gerar uma maior quantidade de oxigénio equivalente a mais de 100-500 vezes a superfície da floresta. Mas a manutenção e a limpeza são tarefas muito difíceis, que só são adequadas para países onde a disponibilidade de terrenos é um problema grave.

**(6)  Manter ou criar pequenas massas de água na zona florestal**

No nosso país, as pequenas massas de água, bem conservadas, podem servir como bons geradores de oxigénio e fornecer apoio biológico à biodiversidade local (plantas aquáticas e pequenos animais), incluindo aves. As zonas florestais que se desenvolvem ao longo das massas de água constituem o melhor nicho possível para a sobrevivência da biodiversidade local. Os tanques de algas são necessários em todos os ecossistemas terrestres. Devemos também planear a escavação de uma massa de água para recolher a água da chuva (dentro dos 33% de terras afectadas à florestação). Se for devidamente vedado e mantido, o crescimento de algas na massa de água pode melhorar a libertação de oxigénio e alimentar a fauna e a avifauna da zona. No entanto, a massa de água deve ser vedada para evitar interferências humanas.

A natureza oferece-nos uma abundância de riquezas, mas nós exploramo-las em excesso e fazemo-las mal, e depois arrependemo-nos?

**(7) Reparação de florestas e terrenos baldios degradados: precisamos de uma cintura verde em todos os municípios!**
Planeamento meticuloso a longo prazo com a participação de biólogos
(1) Permitir que as florestas enriqueçam cada vez mais a biodiversidade e mantenham o equilíbrio atmosférico
(2) . Para os tornar mais úteis e educativos para as gerações futuras ;
(3) . Para que possam alojar e manter mais oxigénio e controlar a poluição atmosférica.
(4) . Transformar as florestas em "reservatórios túrgidos" de cursos de água doce perenes

De facto, a eficácia da fotossíntese de uma folha verde depende das concentrações totais de clorofila, de água e de outros factores adjuvantes (luz, temperatura, etc.). A tolerância à poluição atmosférica (por dióxido de carbono, dióxido de enxofre e óxido nitroso, etc.) depende principalmente de uma maior proporção de ácido ascórbico (mg/gm de peso seco) e de uma concentração modesta a baixa de fenóis na folha. Nesta base, várias espécies de árvores foram estudadas por diversos biólogos e as plantas foram classificadas de acordo com os seus valores EPI (Expected performance index). Entre estas espécies arbóreas, *Mangifera indica, Ficus bengalensis, Ficus infectoria, Dalbergia sissoo e Anthocephalus cadamba* são algumas das espécies resistentes que podem ser cultivadas em qualquer lugar. Mas, tal como o autor salientou há vários anos, é necessário plantar espécies sensíveis (como a *Ficus religiosa*) na zona de contacto com os exsudados aéreos. Outras espécies que também actuam como "biomonitores" são *Bauhinia variegata, Sesbania grandiflora, Feronia elephantum*, etc. mas é sempre aconselhável recorrer à flora local e às espécies autóctones. Existem muitos arbustos que podem ser cultivados como espécies interceptoras.

**(B) Fases físicas e físico-químicas**
Há muitos parâmetros a discutir, mas pretendo apresentar aqui três necessidades fundamentais (mandamentos) muito ousadas a serem exercidas por todos os nossos planeadores. Estas sugestões podem não parecer apropriadas hoje, mas terão de ser consideradas no futuro.

**(8) Desvio da água do mar para os desertos**
A maior qualidade do mar é o facto de conter água, e essa água não era salgada há alguns milhões de anos. Estão a ser feitas tentativas à escala global para eliminar o elevado teor de sal e compostos relacionados, mas a economia não está dentro dos limites normais. Temos de afastar os mares da areia! Isto aplica-se a muitas zonas onde as ondas do mar repousam em praias de areia com vários quilómetros de comprimento. Temos muitos ecossistemas desérticos baseados em praias arenosas (por exemplo, na Grã-Bretanha; a Índia e muitos outros países também têm praias arenosas muito longas com fundos de areia com vários quilómetros de comprimento e vegetação desértica). Foi avançada uma hipótese simples: a água do mar deve ser desviada para enormes trincheiras escavadas em longas praias de areia com uma superfície mínima de 2 km². Esta hipótese baseia-se na simples observação no terreno de que a água fortemente carregada de compostos orgânicos e inorgânicos super dissolvidos é filtrada por peneiramento repetido das areias. Isto equivale a "cultivar a água do mar" e a utilizá-la depois de ter passado por filtros gigantes feitos de dobras de areia. As experiências simples podem ser discutidas e desenvolvidas para uma possível implementação num futuro próximo.

**(9) Adiar e minimizar os prazeres do ar condicionado**

As estatísticas mostram que as emissões gasosas (fluorocarbonetos, etc.) são responsáveis por uma grande parte dos níveis de poluição do ar, do solo e da água. Na esteira do progresso, nós, humanos, optámos incansavelmente por um conforto cada vez maior, escolhendo a "refrigeração/ar condicionado" como primeiro alfabeto do "conforto". Embora seja impossível alterar esta abordagem, coloco a mim próprio uma questão muito ingénua: para que precisamos de mercados e grandes centros comerciais com ar condicionado? Podemos conceber a refrigeração do ar através da circulação do ar e de vários outros meios, incluindo a circulação de água filtrada. Posso imaginar? As nações não chegaram a acordo na última cimeira sobre o ambiente, mas isso é contrário ao conceito de "cidadania global". Infelizmente,

O homem nunca foi tão ganancioso nos séculos passados como nos últimos cinquenta anos, aproximadamente. O homem profundamente egoísta, com espírito de lucro e de perda, criou o inferno com os seus próprios esforços. Nas páginas da história, encontramos planeadores e heróis nacionais que visavam o bem-estar da raça humana; hoje, os homens e mulheres (mais de 60%) são políticos ávidos de mais dinheiro, mais poder e mais conforto. Estamos a ignorar deliberadamente a grande verdade, conhecida por todos os adultos sensatos, de que, no final, não conseguiremos nada!

**(10) Minimizar e controlar a produção de veículos**

Mais uma vez, esta é uma proposta perigosa que poderá não encontrar apoiantes. Mas teremos de minimizar a libertação de energia combustível para a atmosfera. Não só a produção de veículos deve ser minimizada, como a utilização geral, a partilha de automóveis e as viagens em transportes públicos não devem ser vistas como uma última prioridade. A utilização de bicicletas por adultos até uma distância adequada também pode ser muito benéfica para a população de um grande número de comunas na Índia. No entanto, a distância, a topografia do terreno, o fator tempo e os níveis de energia têm de ser avaliados pelos próprios indivíduos. A maioria das nações e dos industriais considera que a produção excessiva de grandes carros e veículos de luxo é diretamente proporcional ao aumento da economia, mas pode não ser esse o caso.

invertida se tivermos em conta as perdas globais e os investimentos para manter a saúde e reparar os danos. Não podemos planear um "mundo melhor"?

As indústrias poluem os rios e os habitantes destas regiões estão expostos a riscos bioquímicos.

Escavamos e extraímos como se a natureza fosse um pão, depois pedimos inundações e deslizamentos de terras.

## Somos pobres?

Inicialmente, o termo "pobre" designava uma pessoa incapaz de satisfazer as suas necessidades básicas de alimentação, habitação e vestuário. No entanto, com a melhoria progressiva das práticas e do progresso materialista no seio das famílias e das sociedades, o aumento das infra-estruturas sob a forma de edifícios, estradas, pontes, indústrias, etc., acompanhado de progressos científicos sem paralelo e sem rival, revolucionou o progresso humano global de diversas formas. As grandes invenções (como a eletricidade) e as descobertas nos domínios da biologia, da medicina e da agricultura remodelaram totalmente o conjunto do progresso humano nas últimas cinco décadas. Atualmente, "pobre" e pobreza tornaram-se termos relativos de dinheiro e finanças que se aplicam a uma região e situação específicas. Uma pessoa pobre numa região pode ser mais rica do que uma pessoa pobre noutra situação. No entanto, o critério para os pobres e a prevalência dos níveis de pobreza seria o mesmo, ou seja, "um nível em que a maioria das pessoas não consegue satisfazer as necessidades básicas de alimentação, abrigo e vestuário numa determinada área".

Os níveis de pobreza são o produto de conflitos sócio-biológicos e têm sido incorretamente tratados pela maioria dos partidos políticos e pelos detentores do poder que governam o destino do seu país ou sociedade.

Estes administradores desviaram e diluíram os "problemas da pobreza", distribuindo dinheiro sem trabalho, concedendo reservas de alto nível com todo o apoio financeiro, o que resultou numa perda total da cultura do trabalho entre as massas trabalhadoras. Toda a energia dos fundos é desviada para a construção de grandes monumentos arquitectónicos, de edifícios que servem de montra, para a criação de empregos lucrativos e de divertimentos e objectos de prazer excessivamente caros e consumidores de energia.

Milhões e milhões estão a ser gastos para criar poderosos parques ecológicos, violando a biodiversidade, construindo enormes barragens e reservatórios em detrimento de cursos de água e cascatas naturais. Mais de 80% dos planos são concebidos para apoiar as sociedades ricas e têm como objetivo substituir o intelectualismo, o pensamento original e o mérito pela riqueza e pelos meios físicos.

Nos países densamente povoados, os pobres são transformados numa vasta coleção de grupos de pessoas letárgicas e preconceituosas, dividindo as suas atitudes honestas e trabalhadoras em duas grandes categorias: os pobres e os indigentes.

Porquê trabalhar quando já se pode ganhar dinheiro sem trabalhar?

somos pobres, os outros têm mais dinheiro, por isso, é melhor arranjar mais!

Na minha opinião, pelo menos na Índia, estamos a assistir a uma forte onda de declínio da cultura de trabalho, a um aumento do número de toxicodependentes, a uma tendência crescente para a ganância em todos os sectores e a uma atitude altamente desrespeitosa e oportunista entre quase todas as categorias de pessoal, a todos os níveis.

## II. O POLICIAMENTO É UMA QUESTÃO DE VIDA OU DE MORTE!

Cada ser vivo está intrinsecamente consciente do outro. O indivíduo mais velho olha frequentemente para o mais novo com um instinto benevolente. Os que são demasiado jovens estão sob a vigilância excessiva da sua mãe, e isto é verdade para todas as espécies, sejam répteis, aves ou mamíferos. A mãe serpente não permite que ninguém se aproxime, mesmo de muito perto, quando os ovos estão a abrir-se para expor uma nova vida; o mesmo se aplica à mãe pássaro. Ela faz "rondas vigilantes" à volta do ninho. Para se alimentarem, os progenitores macho e fêmea partilham honestamente estas rondas quando um ou outro vai à procura de alimentos. Qualquer pessoa pode observar o comportamento dos pardais domésticos *(Passer domesticus)* na sua própria casa. Não só o local onde vão passar a noite na sua sala está fixo, como também o macho faz uma ronda antes de aí pousar. Estudos ecológicos e biológicos comportamentais recentes, realizados em safaris em África, provaram sem margem para dúvidas que, quer se trate de um tigre, de uma pantera ou de uma manada de qualquer espécie animal, existem monitores internos "convencionados" cuja função é também fazer rondas vigilantes e emitir sons ou chamamentos para avisar os outros membros do seu grupo. Acima de tudo, há os falcões que voam por cima, embora a grande distância, e que têm o cuidado especial de informar o seu bando sobre os alimentos de que necessitam. Os abutres chegam muitas vezes ao animal antes de ele morrer.

A prevalência de tais instintos humanos nos animais é apenas uma prova de que todos os nossos instintos fundamentais são de origem animal. Houve muitas ocasiões em que fiquei quase imóvel na natureza, à beira da estrada ou no jardim, observando o comportamento particularmente atento e vigilante de pequenos animais.

Um dos incidentes mais marcantes foi o de uma grande ratazana ferida (em Bhopal, temos grandes ratazanas semelhantes a gatos que vivem no subsolo, tecnicamente chamadas *Bandycoot (Bandycoota bengalense))*. Esta grande ratazana tentava correr lentamente pelo jardim da colónia de Arera, por volta das 9h30, quando eu ia de bicicleta para a universidade. Como observador natural, parei e observei este bandycoot enquanto coxeava lentamente. Num minuto, um corvo preto atacou-o na cara com o seu bico perfurante e caiu como uma flecha; e antes que o grande rato pudesse sequer gritar de dor, o mesmo corvo atacou-o novamente no pescoço como um avião a jato. Era quase o fim do rato, o seu pescoço estava a sangrar e jazia em sangue. Olhei para cima das árvores, onde muitos corvos faziam chamamentos convidativos; para minha surpresa, o único corvo guerreiro que atacava tentou levantar o grande rato, agarrando-o pela cauda e tentando voar para longe. O corvo esforçou-se por o transportar um metro acima do solo, mas caiu devido ao peso da ratazana. Passados cerca de dez segundos, um cão de rua, que provavelmente estava atrás dos arbustos, saltou para cima do corvo.

Quando eu nem sequer conseguia fazer uma pausa, em 2 ou 3 segundos, os corvos que voavam por cima da cena, perto do meio da árvore, caíram em cima do cão como foguetes e o pobre cão começou a chorar tipicamente, a sangrar dos olhos e a fugir.
"Mas alguns corvos voaram para longe, enquanto outros se sentaram perto da vítima e começaram a partilhar o banquete com o primeiro (acho eu?)."
"Tenho de ver todo o episódio que não foi terminado", pensei.
Sim, eu tinha razão. Em menos de dois minutos, um corvo (provavelmente o caçador original) pegou no grande rato pela cauda e voou confortavelmente para o lado do edifício mais próximo, do outro lado da estrada. "Como é que alguém pode ir embora com a sua própria presa sem a partilhar?", pensei eu.
Pouco depois, reparei que dois ou três corvos ainda estavam a fazer a sua ronda e, com um ruído diferente (provavelmente a enviar uma mensagem - é tudo, acabou -), afastaram-se. Como biólogo comportamental, nos últimos cinquenta anos, devo ter assistido a dezenas de episódios naturais (em sítios naturais) de muitos gafanhotos, louva-a-deus, traças, vespas, abelhas, cobras, lagartos, lagartos-monitores (um réptil raro), pássaros, ratos, gatinhos e macacos que demonstraram um grande sentido de humor e diversão, gatinhos e macacos que demonstravam uma inteligência superior, colaboração e cooperação, ódio, bem como amor e luta, mas nunca tinha tido um vislumbre de "trabalho de equipa de supervisão para proteção, partilha e distribuição legalizada" nos corvos. Os ratos domésticos (*Rattus rattus*) são famosos por roubarem e comerem em cooperação. Muitos desses incidentes são inesquecíveis.
Uma mente curiosa é como uma zona húmida: tudo deixa a sua marca.
Tenho pensado muitas vezes na filosofia biológica inerente a muitos instintos naturais e na reação da comunidade a esse facto. A vigilância é o primeiro atributo da inteligência. Mas porquê estar vigilante, e por que razão? Porque há sempre uma ação que depende de uma contra-ação a todos os níveis dos sistemas vivos e mesmo não vivos. Ao lecionar várias disciplinas científicas na escola, no colégio e na universidade, apercebi-me de que o conceito de "vigilância para proteção" é inerente a toda a parte, guiado por instintos missionários incontrolados; mesmo no interior das células do nosso corpo, todas as actividades biológicas são eficazmente controladas, monitorizadas e devidamente comunicadas ao "chefe" superior.

Por exemplo, há certas funções normais com um percurso definido, mecanismos operacionais precisos e oportunos que estão na base da forma mais simples de ação ao nível das acções moleculares numa célula viva, nos tecidos, nos órgãos e nos organismos; o comportamento dos organismos e os seus padrões de organização social. Um dos exemplos mais óbvios de regulação sensorial e do papel dos sinais é quando vemos, cheiramos ou tocamos em algo. Numa fração de segundo, o impulso nervoso informa o cérebro que, dependendo da compreensão básica do indivíduo, identifica o objeto. Uma vez visto, a informação passa pelo nervo ótico para finalmente ler o objeto; todas estas acções e reacções dependentes envolvem acções químicas, vias de sinalização e a libertação de compostos que contêm as moléculas de energia utilizadas. Curiosamente, o olho de uma rã não transmite toda a informação ao cérebro. Tem a capacidade de transmitir seletivamente a mensagem e os biofísicos e físicos tomaram-no como modelo e desenvolveram o sistema de radar; foram desenvolvidos modelos de helicópteros com a ajuda dos mecanismos de voo dos gafanhotos.

As formigas, os pássaros, os leões e os macacos têm um código de conduta que devem seguir fielmente; as infracções são frequentemente selvagens e voláteis. As próprias plantas são regidas por factores naturais internos e externos que controlam muitos dos acontecimentos desencadeados no interior das suas células. O conceito de vigilância e os mecanismos de regulação prevalecem em todo o lado e estão sujeitos a um controlo rigoroso. Os incumpridores e os foras da lei são punidos por mecanismos de controlo no interior das células e dos tecidos. A verdade aparente que emerge de estudos mais aprofundados é que as acções de vigilância, as rondas de vigilância dos processos em curso, a prontidão para ajudar e os mecanismos de reparação são inerentes ao sistema biológico. Há séculos atrás, os estudiosos tiveram de perceber e concetualizar a filosofia da ciência na prática social.

**Relevância social**

Na Índia antiga, muitos reis e governantes consideravam o "passeio" como o seu principal dever para com os seus concidadãos. Para isso, mudavam frequentemente de identidade (vestuário, etc.) com um ou dois colaboradores de confiança durante a noite, a meio do dia e também por ocasião de acontecimentos festivos, a fim de descobrirem os problemas e obstáculos quotidianos com que os seus cidadãos se defrontavam e sobre os quais o aparelho administrativo ignorava ou silenciava deliberadamente. Estes reis queriam informações em primeira mão e preferiam ouvir a boca dos cavalos; graças a estes esforços corajosos, conseguiram também reunir uma opinião pública imparcial e descobrir se havia alguma atividade opressiva por parte de altos funcionários do Estado. Esta atividade, no passado, era um dever ético e moral de qualquer chefe de Estado ou de organização e nunca foi uma expressão de falta de confiança ou de fé na ordem inferior.

Mesmo nos estabelecimentos de ensino de todo o mundo, a tradição dita que os directores façam "rondas com um olhar atento". Porquê? Para cuidar dos alunos, dos professores, dos horários de ensino e "tratar primeiro dos problemas imprevistos". Nenhuma brisa deve sequer aventurar-se a perturbar as actividades disciplinares em curso. E, acima de tudo, quem faz o "truque", percebe a sua identidade em profundidade e associa-a como parte integrante do seu modo de vida. Quanto mais elevada for a posição, maior é a quota-parte de responsabilidade e, quer seja através da atenção ou dos actos, esta nunca deve ser subestimada.

Para ser mais preciso, mesmo no espaço sideral, há uma "atividade de observação" para "observar e ver" os planetas em órbita. Segundo os astrónomos, há muitas estrelas e terras cuja presença serve apenas para "vigiar e ver" as estradas em órbita. Mas isto não pode ser considerado como "policiamento". Fazer rondas ou órbitas não é de modo algum policiamento! Há várias décadas que temos um grande número de satélites em órbita para observações polivalentes. Estas máquinas artificiais são capazes de comandar e ser comandadas, mas o sistema espacial natural tem apenas um conceito: virar ou morrer. Centenas de estrelas morrem e muitas delas são sublimadas no espaço, nunca chegando à zona onde o seu desaparecimento poderia ser conhecido.


**Polimento no sistema vivo!**

A filosofia da Polícia Biológica é "acompanhar as actividades naturais ou controladas em curso, prestar assistência ou apoio imediato, encorajar as boas práticas e afastar os que interferem". Observar e ver é o primeiro dogma de um sistema que funciona! E o primeiro modus operandi é fazer "rondas".

Fazer "curvas" não é apenas uma verdade sobre o espaço, é também um dogma prático da vida. Muitas deficiências ou falhas são corrigidas antes de causarem perdas graves. Atrevo-me mais uma vez a levar este dogma ideal ao nível dos mecanismos moleculares.

Todos nós sabemos que a unidade estrutural é a célula; todos os organismos são constituídos por células. Um tecido em forma de cabeça de alfinete pode conter dez mil células. Cada célula tem uma membrana exterior, no interior da qual se encontra o "fluido vital". Cada célula tem um núcleo que contém principalmente cromossomas, e cada cromossoma contém genes. Um gene é essencialmente uma parte da molécula de ADN e cada cromossoma contém vários milhares de genes. Como é que um corpo estranho ou um agente infecioso entra numa célula? Isto não é uma brincadeira. Uma célula fúngica ou bacteriana, ou qualquer outro corpo estranho ao mais pequeno nível de entrada, tem de enfrentar o mecanismo de defesa da membrana celular; segue-se uma grande batalha e a célula é submetida a um teste difícil. Mesmo que consiga passar pela porta, as estruturas citoplasmáticas enviam pequenos tubos que rodeiam o material agressor e transportam o culpado para a fronteira exterior, de onde é rejeitado, ainda rodeado por uma armadilha. No homem, aquilo a que chamamos infeção é a melhor maneira de compreender toda a maquinaria de manutenção da ordem e de defesa. Há moléculas que ocupam o seu lugar no interior da linha de demarcação da membrana celular. Quando uma célula bacteriana se aproxima, são segregadas muitas substâncias químicas que a bactéria pode tolerar; de alguma forma, as toxinas "infectantes" encontram o seu caminho, os glóbulos brancos são "soldados" que trocam substâncias químicas com a célula infetante. É como se qualquer navio pudesse ser afundado numa guerra. Se a bactéria morre, os detritos são evacuados de forma muito eficaz pelos túbulos de engolimento. Para combater o inimigo no interior da célula, existem sacos "suicidas" (lisossomas) que chegam ao sinal e estão carregados de enzimas. A membrana celular do lisossoma dissolve-se por si só, as enzimas são libertadas sobre o inimigo e o objeto infetante pode ser destruído. Os glóbulos brancos do sangue humano são particularmente ricos em lisossomas; mas quando a bactéria infetante prevalece, perturba a maquinaria de síntese da célula e utiliza as reservas da célula para se multiplicar. Os glóbulos brancos transformam-se então em células produtoras de pus. Quando um antibiótico é administrado, as moléculas são transportadas por elementos transportadores que acabam por dominar a população infetante e libertar toxinas na mesma. Um sistema de transporte altamente eficiente é uma das maiores conquistas do sistema imunogenético do lado da célula.

Um sistema de informação eficiente, um controlo vigilante das moléculas relevantes, uma sinalização adequada através de uma linguagem codificada e uma artilharia de defesa muito poderosa estão incorporados no sistema celular para manter grandes fábricas, reservatórios de energia, fábricas de produção de energia (mecanismos respiratórios) e mecanismos de replicação molecular no interior de uma célula viva. Não será este o conceito moderno de policiamento?

Não só é instalado o sistema de vigilância vigilante, como também são recrutados guardiões altamente eficientes para cuidar dos genes e das suas actividades na célula. Os exemplos mais relevantes neste contexto são as moléculas designadas por "guardiães" que actuam como inibidores de certos compostos e das suas reacções dependentes. A proteína supressora de tumores p53 é o principal guardião da célula contra o cancro. É evidente que a maioria dos cancros elimina a p53. Entre muitos genes, existem proteínas (cada proteína é produzida por um gene) cujo papel é manter a ordem na síntese proteica. Em todos os níveis de um organismo, temos um mecanismo de manutenção da ordem para proteção e apoio (ajuda).

A polícia recebe néctar!
**Vigilância é inteligência**

À medida que o número de pessoas aumenta drasticamente, todas as dimensões dos problemas também se multiplicam e este fardo multidimensional sobre a população humana está a progredir à custa da decência, da verdade, das regras e regulamentos e daquilo a que se chama amor honesto e unidade. A lei do mais forte está a tornar-se uma prática comum. Esta competição, que também existe no mundo animal e vegetal, é um fenómeno natural. Ao longo dos últimos milhares de anos, foram acrescentadas outras ferramentas eficazes, como a manipulação e o dinheiro, para apoiar a competição natural; assim, o modus operandi tornou-se "força, manipulação e dinheiro". Nenhuma destas ferramentas, isoladas ou combinadas, reconhece a verdade, a honestidade e a lealdade; todas estas palavras não têm significado e são, por isso, atualmente redundantes.

Vão a um cemitério, podem estar lá dezenas de pessoas, mas tudo parece silencioso e tristemente silencioso. Depois, vai a uma escola nova e vê que todas as crianças estão nas salas de aula, que não há barulho lá fora, que não há ninguém com quem falar e, no entanto, sente o ritmo do barulho, um zumbido como o de uma abelha à volta do seu ninho. No silêncio anterior, considerava-o pesado ou desagradável, no silêncio de uma escola, considerava-o agradável e bem-vindo. Ao sentir esta diferença, encontra um diretor que se aproxima de si e percebe que "ele está em digressão". O sentido do dever implica uma atenção antecipada; ele é suficientemente cuidadoso porque é consciencioso! As "rondas", como são frequentemente designadas na prática social, geram uma força de atração/força de adesão ao reavivar a fé no sistema; obrigam as pessoas a aderir à órbita funcional e a sentirem-se seguras. Toda a gente quer sentir-se segura; temos de estar vigilantes, apesar do facto de "as outras espécies que caçam precisarem de presas", é uma verdade biológica.

Mas como seres humanos, pertencemos à mesma espécie, então porque é que caçamos a nossa própria espécie? Esta não é uma regra viva, e é por isso que o significado de policiamento mudou no contexto do homem moderno. Para nós, "policiamento" é sinónimo de uma crise desagradável, mas também de um dever obrigatório. Mas a dura verdade é que o policiamento é parte integrante do nosso comportamento qualitativo; é um modo de vida natural para as pessoas mais velhas e um dos poderes residuais de um cidadão honestamente civilizado e altruísta desde a antiguidade.

Recordo-me de uma lição silenciosa sobre o conceito de policiamento que, provavelmente, está bem presente nas memórias de infância. A minha avó tinha mais de 80 anos em 1952 e eu tinha cerca de 11 anos. Embora fosse cega, tinha uma consciência extraordinária dos seus passos e pronunciava o nome da vizinha. Na altura, o meu pai era magistrado e costumava ir ao tribunal de magistrados até altas horas da noite. Um dia, quando já era demasiado tarde, vi o meu pai descalçar os sapatos na varanda e entrar descalço na sala, mas, infelizmente, a minha avó gritou: "Ó Lakshman, estás outra vez atrasado? e todos nos rimos, incluindo o peão que levava a mala do tribunal, com um grande barulho. Este tipo de policiamento dos mais velhos existe em toda a gente e os ecos do passado guiam-nos com imenso amor e carinho.

Não temos de procurar a nossa memória humana para sobreviver em paz, em vez de nos lembrarmos de erros estúpidos quando nos deparamos com memórias desagradáveis?

Evolução da migração forçada por elevação bípede no género *Homo*

## III.  MIGRAÇÃO E MIGRAÇÃO FORÇADA

O instinto de migração deve ter evoluído com a ascensão bípede do *Homo* no decurso normal da evolução. Especificamente, a evolução e a especiação dentro do género *Homo* foram tornadas necessárias por migrações em grande escala que ofereceram oportunidades favoráveis para o acasalamento aleatório entre as chamadas subespécies durante um período de alguns milhões de anos (Cavalli-Sforza, 1960; Haldane, 1965; Vogel, 1993). O homem, enquanto espécie, tem de se reproduzir para sobreviver e tem de sobreviver para se reproduzir (Goswami, 1990). A migração testou e reforçou a elasticidade adaptativa do genoma humano, e a enorme variabilidade em muitos loci pode ser o resultado inerente da hibridação natural, de diversas pressões de seleção e de uma série de mutações. Assim, na prática, as migrações de pequenos e grandes grupos são os vectores naturais da deriva genética e do fluxo genético entre as populações do mundo. Isto tornou-se mais claro no contexto atual quando verificámos que a "migração" é uma parte natural dos meios adaptativos de sobrevivência do homem. Com base em estudos preliminares nos sectores interiores das florestas de Bastar (atualmente Chhtishgarh), as migrações foram classificadas em quatro grupos:

A migração passiva é a regra para todos os assentamentos humanos.

(1)  Migração passiva - Pequenos movimentos de regresso: tribos isoladas/pequenos grupos populacionais vão ao mercado - na área da aldeia - nas cidades e regressam pouco depois, com a intenção de ficarem no local.

(2) Migração ativa: migração regular de famílias/indivíduos instruídos em busca de trabalho e de instalação em locais distantes; em busca de algo melhor. Querem migrar para outro lugar.

(3) Populações transmigratórias: Um grande número de grupos humanos que visitam locais distantes com a opção aberta de se fixarem nos seus grupos mas em locais diferentes e distantes: dentro de várias centenas de anos.

Os Siddhis africanos migraram para as costas de Gujrat (Índia ocidental) para trabalhar em barcos e aí se estabeleceram. Ao longo das últimas centenas de anos, grupos populacionais indianos deslocaram-se em massa, por motivos profissionais ou outros, para diferentes regiões costeiras do mundo (o hemisfério sul, através dos mares, está bem documentado).

Invasões - guerreiros do exército de Alexandre, o Grande: Nem todos regressaram; muitos ficaram e constituíram família na região de Sindh - os genes thal e outras estimativas de frequência genética podem indicar essa deriva genética.

(4) Migração súbita: apelos repentinos para abandonar a zona sob coação. Catástrofes naturais: terramotos, inundações, etc.

doenças / epidemias guerras: atrocidades físicas evacuações forçadas / políticas

Nesta breve apresentação, a tónica foi colocada nas migrações forçadas que a maior parte dos governos impuseram às populações em nome do progresso, sem deixar espaço para a mínima consideração. Infelizmente, os nossos estudos simples, que se estenderam por três décadas, mostraram que as migrações forçadas e não naturais das populações conduziram a complicações biológicas mais profundas, desde as populações bem deslocadas até às populações instaladas.

Na Índia, os casamentos no seio de grupos de castas continuam a ser generalizados, com um confinamento máximo à afiliação linguística e, como tal, os casamentos intercastas e extra-linguísticos são simplesmente demasiado poucos para terem uma proporção apreciável. As migrações de algumas famílias ou de pequenas populações para uma nova região, embora teoricamente ofereçam oportunidades iguais de exclusão ou consanguinidade, na prática resultam em casamentos consanguíneos, mesmo no seio de comunidades que, de outro modo, os ignoram. A migração forçada conduz, portanto, a uma filiação em circuito fechado com ligações sociobiológicas (quadro 1). Com base na observação de mais de 10 000 indivíduos e várias centenas de famílias ao longo de 30 anos, e recordando estas experiências no contexto moderno do complexo político-administrativo, estes rituais clássicos de parâmetros biológicos baseados na casta nunca poderão ser controlados. Pelo contrário, os benefícios da casta ultrapassaram todos os limites.

Os nossos estudos entre 1967 e 2001 foram resumidos, juntamente com as metodologias utilizadas em 2003. Foram dadas referências breves e relevantes a estimativas de níveis de consanguinidade (devido à consanguinidade), abortos recorrentes, nados-mortos, gémeos e gemelaridade, e variações naturais nas frequências dos genes da globina (particularmente com variáveis HbF em amostras de população adulta) entre populações tribais, urbanas, rurais e migratórias. Os dados de base para as populações migratórias foram gerados por colonos do Paquistão em partes do Punjab (por exemplo, Patiala) e por numerosas comunidades de castas que migraram e se instalaram no Rajastão em muitas partes da MP central (por exemplo, Vishnois). Mais de 10.000 (dez mil) amostras de sangue foram analisadas pelos estudantes ao longo destas três décadas, seguindo métodos simples de determinação de grupos sanguíneos, esfregaço e coloração, bem como métodos de eletroforese em gel de células, conforme disponíveis.

Na verdade, será necessário um estudo bem planeado com abordagens melhores e mais sofisticadas (estudos genómicos para decifrar certas sequências de ADN e detetar mutações em certos loci, etc.) sobre todas estas populações e sobre as populações recentemente deslocadas, dado que muitas das novas povoações teriam conhecimentos adquiridos há dez anos.

Todos sabemos que a variabilidade genética presente em qualquer pool genético, sob a forma de mutações recessivas, impõe uma "carga hereditária" (mais conhecida como carga genética) e, segundo Wallace e Dobzhansky, todos os genes deletérios de um pool genético constituem a carga genética. Com base nos nossos estudos, que incluem todas as referências muito relevantes aqui citadas e muitas outras, propusemos uma nova abordagem alternativa para estimar a carga genética, que inclui, em princípio, as cargas segregativas e mutacionais que actuam em cada gravidez. É claro que a fórmula proposta teve em conta os abortos, os nados-mortos, as malformações congénitas letais e os níveis de consanguinidade (coeficientes de consanguinidade estimados pelo método da segregação familiar e do pedigree; estas referências foram citadas por Goswami. Os coeficientes de consanguinidade também influenciam as taxas de gémeos e a frequência dos abortos. O quadro 1 apresenta uma comparação das principais influências e diferenças aparentes que são suficientes para indicar (não provar) que a migração forçada não é do interesse da antropologia biológica de pessoas que habitam uma determinada região durante muito tempo. Ao mesmo tempo, também é verdade que um aumento da proporção incontrolável da população humana terá de enfrentar um ou outro risco. Mas precisamos de minimizar a instalação de defeitos biológicos nas nossas próprias populações por uma razão trivial: as pessoas geneticamente predispostas, mesmo com genes HPFH (persistência hereditária da hemoglobina fetal) e outros genes do complexo de genes da globina, têm uma taxa mais elevada de distúrbios menstruais e de alterações mentais e comportamentais. No entanto, é difícil prová-lo, para além do simples facto de a migração forçada oferecer condições biológicas deletérias ou não congénitas suficientes para expressar interacções genéticas e ambientais defeituosas, como resumimos provisoriamente (quadro 1).

**Comentários**

Desde a sua evolução, o homem tem sido uma testemunha viva da migração. A migração continua a ser o destino biológico dos povoamentos e a futura formação do genoma humano. Nos últimos vinte mil anos, o homem deixou as cavernas para ocupar todos os nichos ecológicos possíveis: florestas, montanhas, margens de rios e litorais. A adaptabilidade elástica do homem deve-se à antropologia arquitetónica e à genética do sangue. As cadeias de hemoglobina oferecem adaptabilidade reguladora para a biologia reprodutiva, activando e desactivando genes reguladores ao longo da vida de cada indivíduo. Os nossos estudos de separação de cadeias de hemoglobina em mais de 10.000 indivíduos de uma vasta gama de instituições e amostras de populações migrantes, utilizando tiras de campo de celogel, mostraram que as proporções de HbF no sangue adulto indicam adaptabilidade fisiológica e têm uma correlação positiva direta com o facto de as mães manifestarem :

1. *abortos recorrentes,* 2. *maior taxa de nascimentos de gémeos* e 3. nascimento de crianças *mentalmente subdesenvolvidas*. Estas frequências aumentam, em comparação com as estimativas de frequência para a população dominante, em 12%, 04 por mil e 17%, respetivamente, nas mães que foram abruptamente deslocadas em resultado de migrações em massa repentinas. Os chamados desenvolvimentos modernos, como a construção de enormes barragens e reservatórios, bem como o terrorismo, provocaram deslocações. Isto resulta em perdas biológicas não contabilizadas que afectam a adaptabilidade fisiológica e a psicologia comportamental do ser humano. Este stress sócio-biológico aumenta indiretamente o tabagismo e até a toxicodependência, levando a taxas mais elevadas de aborto, etc., nesta população do que na população principal das áreas adjacentes. A medida mais urgente é a prestação de cuidados de saúde e de educação suplementares.

**Quadro 1.** PRINCIPAIS DIFERENÇAS SIGNIFICATIVAS ENTRE OS INDIVÍDUOS MIGRANTES AVALIADOS DURANTE O PERÍODO 1996-2002 (com base em estudos anteriores)

| Características associadas à migração normal/habitual (com base em trabalhadores anteriores) | Diferenças observadas entre os migrantes abruptos/forçados (com base em Goswami et al,2003) | Observações |
|---|---|---|
| 1. Sugerir formas modificadas/novas de adaptação | Forçado a adaptar-se (voluntariamente ou não) | |
| 2. Tendência para reduzir a consanguinidade numa fase posterior (alargamento do património genético através da mistura com novas populações). | Incentiva os casamentos consanguíneos | Relações personalizadas |
| 3. Taxa de aborto (não estudada anteriormente) | Aumento da taxa de abortos nas mesmas mães (possível aumento da carga perinatal) (cerca de 1,2 a 1,5 vezes) | Declínio geral da saúde Síndrome de insegurança e ansiedade |
| 4. nível de hemoglobina fetal (normal em adultos) | Aumento da HbF nas mulheres (50% na HPFH) 2 a 5,8% da Hb do adulto | ---do--- |
| 5. As taxas de correspondência não são significativ as diferenças | Sabe-se que aumentou entre as migrações forçadas desde a Segunda Guerra Mundial: estudos em populações europeias. Registámos um aumento da geminação DZ com um pequeno aumento do peso da consanguinidade. | O excesso de ansiedade e preocupação leva à superovulação |

A migração forçada implica quase sempre riscos socio-biológicos.

# IV. TEMPO PARA A EDUCAÇÃO E UMA CULTURA DE TRABALHO RENOVADA

Em todo o mundo, o sistema político tende a ocupar um lugar dominante na nação e o nosso país, a Índia, não é exceção. A Índia também se tornou uma "Índia política", mas o que precisamos agora é de uma Índia como nação, que não pertence aos partidos políticos, mas a todos e a cada um dos cidadãos fundamentais deste país. A Índia deve viver como uma NAÇÃO. Nenhuma nação deve, de facto, tornar-se apenas uma plataforma política. Os políticos e os administradores são necessários para lidar com a governação e a manutenção estratégica de problemas físicos, educacionais, de defesa, de relevância social, mentais, de saúde e financeiros multifactoriais, intimamente inseparáveis das civilizações e religiões diversificadas dos povos. Desde criança que ouço uma canção infantil encenada nas cerimónias anuais de todas as instituições em quase todas as partes da Índia, segundo a qual, desde o cume das montanhas de Caxemira até ao fundo das águas indianas em Kanyakumari, a Índia é uma só. Sim, a Índia é uma só, mas porquê transferir o pensamento como uma peça de teatro e depois esquecê-lo na prática? Tornou-se um ritual quando a divisão da Índia é visível em todas as salas de aula, em todos os sectores do pensamento e da ação, em todas as castas, credos, géneros, religiões e, ultimamente, até na política dependente dos partidos. Entrámos num campo de jogo diferente e estamos deliberadamente a desperdiçar tempo, dinheiro, talento, moral e religião. Continuamos a segurar os lápis do tempo da guerra no mapa da Índia e a traçar linhas nele com base no mal mais sujo de todos os tempos, *a discriminação, que* semeia, alimenta e colhe o ódio e apenas o ódio; estas linhas de divisão são as mais profundas de sempre, mais vulcânicas do que qualquer vulcão. A lava do vulcão geológico arrefece com o tempo, mas o ódio humano permeia as civilizações durante gerações; nós, indianos, somos um dos raros exemplos de civilização humana que ainda sofre de discriminação baseada na casta e no credo; logicamente, este ódio está a dissipar-se gradualmente, mas os preconceitos baseados na casta foram reavivados e reinstalados como marcas e ex-marcas da escravatura.

Atrevo-me a dizer que os indianos são, em média, os melhores cérebros do mundo, pelo que a maioria dos políticos que dirigem a nação nunca gostariam de permitir o desenvolvimento de uma atmosfera agradável, para que a liberdade possa ser expressa na prática. Ao longo dos últimos cinquenta anos, os nossos políticos falharam redondamente na criação de uma verdadeira unidade entre os indianos. Pelo contrário, cada um deles, no alto da sua sela, dividiu e voltou a dividir, de modo que o indiano, enquanto cidadão, nunca *é uno* em pensamentos e acções. O índio médio tem de ser desorientado, morto à fome e humilhado para permanecer sentimentalmente escravizado, de modo a que as tácticas de ganhar dinheiro por todos os meios possíveis não sejam interrompidas pelos governantes e seus parentes. *A discriminação preconceituosa pode existir sob a bandeira da democracia.* Tem de ser abolida para as gerações futuras; de uma forma ou de outra, tem de ser erradicada para garantir um futuro harmonioso para as nossas gerações.

O "favoritismo" é praticado como uma "religião" ativa em quase todo o mundo e é o maior mal criado pelo homem que gera o ódio. Muitas nações lutam por novos territórios e centenas de milhares de cidadãos ingénuos lutam para satisfazer as suas necessidades básicas: alimentação, abrigo e vestuário. As grandes nações estão ávidas de terras adjacentes e querem apoderar-se delas por todos os meios necessários. E nós, os grandes pretendentes ao progresso, chamamos a isto "progresso moderno". De um ponto de vista evolutivo, tais pensamentos e acções são muito primitivos e retrógrados; tirar o pão, a terra ou os meios dos outros é um comportamento animal perfeitamente primitivo.

**De que é que as nações precisam?**
Na minha opinião, a maioria das nações precisa de uma "governação nacional" e não de uma governação partidária. Para racionalizar o progresso nacional e humano, todos os partidos políticos devem chegar a acordo sobre um certo número de pontos fundamentais da agenda nacional. As diferenças são um fenómeno biológico natural; não há dois indivíduos que possam ter os mesmos genes, nem mesmo gémeos nascidos e desenvolvidos a partir do mesmo zigoto (podem ocorrer variações de desenvolvimento?); deve haver diferenças de comportamento e gostos e desgostos diferentes. Muitas pessoas concordam e discordam sobre um ou mais pontos; o mesmo se aplica aos homens nos partidos políticos. A maior vantagem de um sistema de partidos políticos é o facto de as pessoas que aderiram a um partido seguirem os ditames disciplinares desse partido e aderirem geralmente às diferenças fundamentais com outros partidos. Mas o maior e mais grave mal ocorre quando um partido faz algo genuinamente bom, mas outro partido da "oposição" se lhe opõe veementemente. Os jornais e os meios de comunicação social discutem e destacam frequentemente esses acontecimentos com muitas contradições e demasiada interferência radical. Atualmente, não se pode confiar em nenhuma notícia devido à excessiva e indesejável liberdade de interferência política, uma situação que surgiu nos últimos 40 anos por ter sido ilegalmente rotulada como um direito da democracia. Seja qual for a razão, todos os partidos políticos parecem ter concordado em demolir o verdadeiro mérito da educação e da excelência.
O conceito de educação está a evoluir
Nos tempos antigos, uma nação era conhecida pelos seus grandes eruditos, poetas,

descobridores e filósofos que defendiam os valores humanos e praticavam actos nobres. A educação também incluía a literacia. Mas o conceito moderno transformou o conceito em literacia que engloba a educação. A educação inclui a literacia, mas a literacia nem sempre anda de mãos dadas com a educação, porque a educação tem uma alma de nobreza, humildade, atitude graciosa e, acima de tudo, tolerância razoável. Estas virtudes humanas NÃO se ensinam como a história e a gramática. Ultimamente, com o advento do novo século, o dogma de "mais dinheiro", entrelaçado com um complexo "conceito de gestão empresarial", substituiu a alma sagrada da educação pela economia. Hoje em dia, uma nação é conhecida *sobretudo* pela quantidade de tijolos de ouro nos bancos e nas empresas de luxo, e não pelas instituições, famílias e indivíduos que conservam os valores humanos e o ethos sagrado da cultura e do património de Golbean. O homem moderno interroga-se sobre o que é este património e para que serve.

A gestão empresarial como matéria ou disciplina é maravilhosa e tem funcionado em todas as esferas da sociedade, mas tem sido incorretamente aplicada à educação. Quase todos os políticos, independentemente da filiação partidária, reduziram fatalmente a educação a todos os níveis (escolas, colégios e universidades) em todo o país, em nome da economia e da gestão do dinheiro. Os lugares de professor foram confiados a comissões de recrutamento de alfabetizados pagos ao dia, e praticamente todas as universidades e instituições de ensino têm falta de professores regulares. Porquê nomear um conferencista, um leitor ou um professor altamente qualificado a 15.000 ou 20.000 rupias por mês, quando as turmas podem ser preenchidas por recém-licenciados ou, mais curiosamente, por professores pagos numa base individual. Conheço uma pessoa que tinha um mestrado em ciências numa determinada disciplina e que estava a trabalhar noutro tipo de emprego não docente, dando aulas no departamento da universidade. Há dezenas de exemplos em todas as universidades em que as aulas são dadas por pessoas que abandonaram o ensino superior há muito tempo e que dificilmente conseguem acalmar a curiosidade dos alunos. Um dia, perguntei a um professor e a um diretor da faculdade como é que se justificavam tais palestras nas salas de aula. A resposta foi simples: porque é que os alunos devem ser curiosos e para quê? Esses tempos já lá vão, estamos na era dos computadores e os cursos estão bem definidos.

"E os trabalhos práticos? perguntei desanimado; a resposta foi mais uma vez muito chocante: "Dei-lhes CDs para poderem ver no computador".
Voltei a perguntar com veemência: "Onde está a eletricidade, mesmo que esteja ligada continuamente durante seis horas? E, acima de tudo, ver CDs não é ciência!
O meu discurso foi aborrecido, para ele e para muitas pessoas que, na sua maioria, não

querem trabalhar com alunos. Trabalhar em "trabalho prático" (realizar experiências) não é brincadeira, um professor precisa de conhecer e experimentar a ciência de vez em quando. Os computadores podem complementar as demonstrações práticas, mas não as podem substituir. A ciência consiste em fazer e aprender, não em conversar!

Atualmente, os professores têm demasiadas reservas em relação à sua profissão
E a parte mais mortífera da nossa profissão de professor tem sido a aceitação destas implementações sem quaisquer objecções. A maioria dos professores de ciências ou de qualquer outra faculdade encontra uma boa desculpa para não se esforçar no ensino: dizem muitas vezes que os alunos já não estão interessados em aprender, por isso, porquê gastar energia no ensino antiquado.
Como atualmente ganham bons salários, querem trabalhar o menos possível. Desde há alguns anos, professores e alunos dão cada vez menos importância à realização de experiências no laboratório e os professores que sempre foram entusiastas sentem-se intimidados pelos seus colegas. Um bom professor sempre foi o pomo de discórdia com os seus colegas, quer seja numa escola, num colégio ou num departamento universitário. A verdade é que os professores se degradaram terrivelmente aos seus próprios olhos. Este deslize profissional, que não pode ser evitado, é a aquisição mais mortífera e contagiosa desde o final dos anos 90 e está agora a tornar-se uma caraterística estável da comunidade docente no seu conjunto, com menos de 2% a "escapar".
Todos os políticos e planificadores exploraram muito favoravelmente esta fraqueza nacional e conseguiram retirar definitivamente o ensino das universidades, com uma tendência febril para o instalar em instituições controladas pelo governo, onde um administrador ou um polícia ou um político ou uma empresa municipal derrotada podem ditar as condições de organização dos cursos, dos exames e dos resultados.

**Impacto dos danos planeados**

Nas instituições médicas, um professor disse que não havia demonstradores nas salas de dissecação dos departamentos de anatomia. É raro que os cadáveres sejam dissecados com regularidade e que os professores dêem explicações práticas sobre veias, artérias, músculos e pontos específicos de grande importância. Porquê? Porque a última vez que se recrutou um demonstrador foi nos anos 80, e os demonstradores dessa altura têm agora 50 anos ou mais e trabalham estagnados, sem promoção. O mesmo se aplica aos departamentos pedagógicos das escolas superiores e das universidades. Não há investigadores, não há jovens professores e muitos lugares estão vagos.
Os governos estaduais implementaram uma política de reservas, de modo a que os lugares permaneçam vagos até que as comunidades desfavorecidas estejam

disponíveis e, nesta confusão bem manipulada, encontraram uma razão válida para arruinar a educação, pedindo a milhões de jovens qualificados, académicos promissores e talentosos que se ajoelhem e aceitem um salário de 1800 rupias por mês? Até mesmo um peão ou um trabalhador não técnico com um salário diário recebe 2200 rupias por mês, de acordo com as tabelas do governo, mas as instituições académicas nomeiam professores, no mínimo licenciados, com o salário mais vergonhoso e mais baixo alguma vez visto para um pessoal instruído no mundo.
Na Índia, orgulhamo-nos de ser a maior democracia e, em breve, orgulhar-nos-emos de ter uma economia em crescimento? Já nos orgulhamos, de um ponto de vista democrático, de estarmos a encenar alguns dos maiores escândalos, competindo com o Japão, as Américas e a China, e vamos vencê-los socializando e distribuindo dinheiro até aos pequenos empregados de escritório, um dos pilares da Índia independente.

Nenhum político, pedagogo ou pseudo-intelectual com assento de Vice-Reitor tem a coragem de fazer eco desta corrupção venenosa e percolante "Criar um vazio na educação", mas a maior parte deles praticou-a na vida real! Por que razão hão-de honrar o mérito, para quem e para quê? Uma corrente de ódio circulou em todos os domínios da política, segundo a qual os professores discutem, ensinam argumentos, fazem perguntas e criam grandes agitações despertando as massas. Reduzir ao mínimo a participação dos professores nas conferências, estabelecer regras que apenas servem os professores medíocres, os fugitivos e as estruturas beaucrocráticas politicamente filiadas. Os professores de qualidade devem desaparecer, devemos falar de igualdade entre professores como fazemos na democracia: todos são iguais?

**Pensar para além da política**

Na minha opinião, "não pode haver maior tortura neste mundo do que ver um homem realmente mau chegar ao topo" e o conceito moderno de democracia na Índia, em particular, é proporcionar igualdade de oportunidades a todos, pelo que cada pessoa tem o direito de ser o que quer que seja, independentemente da sua formação, experiência ou qualificações.
Não pode haver maior corrupção do que arruinar uma nação matando a educação. Isto é feito muito fielmente em nome dos direitos democráticos para todos aqueles que se tornam economicamente vulneráveis. Todos os partidos políticos parecem ter concordado, à porta fechada, em abolir o direito a bolsas de estudo; não existe tal coisa como "merecimento". Um estudante altamente qualificado, com um doutoramento e um diploma de primeira classe, foi a uma entrevista. O presidente perguntou-lhe: "Como é que tu és tão qualificado e ainda não tens emprego?
"Todos os anos, era contratado para dar aulas durante seis meses, de setembro a outubro.
Em fevereiro, durante a sessão académica, costumam voltar e pedir ajuda a um

funcionário muito jovem; voltam a telefonar em setembro seguinte, por isso, praticamente, estou sempre atento" "E publicou alguns trabalhos de investigação, para quê, não precisamos de...".

para acrescentar à sua qualificação, é um diploma de pós-graduação-. Mesmo assim, o seu desempenho é bom e pode ser um bom -, mas"

"Mas, senhor! Porquê mas      ? "

"Porque não queremos gastar dinheiro com o seu salário normal, em vez de gastarmos 10.000 rupias por mês, vamos contratar um novo M.Sc ou mesmo um Mphil, que pode aceitar 2.000 rupias para se dedicar às nossas aulas, e este professor pode ser reconduzido em agosto, após uma pausa de 3 a 4 meses. Porque é que devemos pagar as férias de verão?

Tenho uma dúzia de histórias de tortura académica ouvidas e vividas como tutor de um grande número de estudantes muito talentosos e muito merecedores. As políticas (ou políticas) de emprego desafiaram fundamentalmente o mérito e defenderam abertamente a mediocridade em nome da política de reservas. A política de reservas tornou-se um escudo para negar qualquer processo de seleção; os políticos estão a matar dois coelhos com uma cajadada só, estão a matar o mérito da nação, eliminando as bolsas de estudo excepcionais das mentes indianas e, simultaneamente, tornando os jovens ou a geração mais nova escravos de todo o tipo de práticas corruptas.

Um jovem faminto pode ser transformado num cobarde social, os que não concordam encontram alternativas no mundo dos negócios, para o qual a maioria não tem vocação, ou vão para o estrangeiro. Alguns destes jovens infelizes são formados, ou melhor, educados para se tornarem leis sociais, como podemos ver todas as manhãs nos jornais.

Assim, de um modo geral, a maior revolução económica na economia em crescimento é despedir pessoas, não empregar novas gerações, impor cortes profundos no financiamento da educação e privatizar todos os sectores da sociedade. Há alguns anos, ouvimos dizer que, se mantivermos as florestas hipotecadas, o nosso país pode obter biliões e biliões de dólares em empréstimos. O objetivo, evidentemente, é preparar escândalos infalíveis, porque as riquezas florestais devastadas podem ser regeneradas após décadas de investigação, tratamento e julgamento, sem que sejam apresentadas quaisquer provas e sem que sejam impostas quaisquer sanções.

Um dia, um dos meus alunos perguntou-me: "Senhor, porque é que ouvimos falar frequentemente de Swadeshi, autonomia, *swaviman* (orgulho em si próprio), etc.? Não acha que é esse o caso?

O rapaz pegou na sua mota e eu na minha scooter. Peguei na minha trotinete e pedi-lhe que atirasse as minhas chaves de uma distância que ele pudesse atirar enquanto estivesse sentado na mota. Ele atirou-as. Pedi-lhe então que tirasse as suas chaves e as atirasse da mesma forma. Com relutância, ele tirou as chaves e depois perguntou-me:

"Senhor, porquê, porque é que hei-de deitar fora as minhas chaves?

Eu disse-lhe: "É a diferença entre gastar o dinheiro que tens mas não tens e gastar o dinheiro que tens". E continuei: "Eu sei que não ganhaste essa mota, os teus pais tiveram de adiar alguns dos seus projectos para teu conforto, mas mesmo assim és dono dela". O mesmo se aplica aos milhares de milhões de rupias emprestadas, ninguém é direta ou individualmente responsável, ninguém se sente obviamente lesado pelas despesas supérfluas ou pelos *escândalos que se seguem.*

No espaço de cerca de quarenta anos, tornámo-nos autónomos na obtenção de empréstimos, dominámos todas as tácticas, as entradas e saídas e, no fundo, já temos instintos de escravatura seculares, prostramo-nos por tudo porque a nossa cultura e as nossas tradições nos moldaram "humildes e pobres", excessivamente tolerantes, como poderíamos desafiar os nossos senhores?

"Precisamos de dinheiro; dinheiro poupado é dinheiro ganho. Por isso, para quê ter mais camas nos hospitais, para quê ter três professores de cirurgia, basta um e podemos contratar pessoal. Quando nós ou a nossa família sofremos, podemos ir ao estrangeiro, procurar a melhor assistência possível ou até chamar uma equipa de médicos de topo, para que não haja problemas". Estas são versões administrativas nos corredores dos enormes edifícios administrativos e oficiais da República da Índia. Ao tornarem-se políticos, 95% deles, e ao ocuparem uma cadeira de burocratas, 80% dos funcionários obtêm a encarnação de um senhorio semelhante ao dos deuses. Podem pensar tudo, fazer tudo, planear tudo e têm o poder inato de resolver qualquer problema. Sentados em gabinetes "cinco estrelas", planeiam a pobreza e os pobres; ignorando a santidade e as complexas virtudes do mérito e do intelecto, planeiam a educação e justificam a manutenção de intelectuais de alto nível fora do seu alcance. Na Índia, somos divididos em dois em cada ponto do processo de vida.

### Sejamos mais humanos nos hospitais

Estou ligado à relevância dos hospitais desde agosto-setembro de 1957, quando a minha mãe foi submetida a uma histerectomia e esteve hospitalizada durante quase duas semanas no Chhatarpur Mission Hospital (MP). Nessa altura, eu estava na classe intermédia e, enquanto jovem, prestei serviço com grande eficiência. O cirurgião da altura, o Dr. De Voll, um médico americano que era muito pessoal com cada doente, um grande exemplo humano e uma pessoa maravilhosa, chamou-me "enfermeiro" devido à minha atitude prestável e carinhosa, não só para com a minha mãe, mas também para com os outros doentes. Também eu tinha a ambição de ser médica, mas não consegui qualificar-me mais tarde porque era demasiado fraca em física. Mas como investigadora em biologia humana e genética humana e médica desde 1964, visitei e pesquisei material em mais de 100 centros de saúde, grandes hospitais, faculdades de medicina e hospitais especiais de alto nível (hospitais para doentes com cancro, deficientes mentais, doentes de Alzheimer ------------, etc.).

Países asiáticos, europeus e americanos. Aprendi que as enfermarias/unidades especiais têm de ser dispostas de forma diferente, que os slogans e as pinturas têm de ser concebidos de uma forma particular. As nossas publicações sobre citogenética do cancro e novas síndromes humanas deram-nos a oportunidade de sermos convidados em alguns hospitais muito famosos e especializados no estrangeiro; no entanto, quero aprender e fazer compreender que temos de enriquecer os nossos hospitais com uma ou outra unidade especializada. Infelizmente, os nossos serviços médicos tendem a reduzir-se a um fórum de consumidores e a uma relação com máquinas que fazem dinheiro. O progresso baseado no trabalho de investigação na nossa profissão médica não é suficientemente profundo (?); falta-lhe um esforço sincero. São apresentadas algumas sugestões de trabalho com a possibilidade de um planeamento mais elaborado.

**Observações gerais**

A Índia é um subcontinente com enormes problemas de saúde; milhões de pessoas foram privadas de instalações sanitárias adequadas, de medicamentos básicos e de uma educação e sensibilização correctas. O crescimento da população é, sem dúvida, uma das principais causas destas situações incontroláveis. A Índia é responsável por 25-30% de todas as mortes neonatais no primeiro dia de vida a nível mundial. A organização Save the Children (STC) cita a Índia como um país onde mais de 45% dos casamentos, ainda hoje, se realizam antes dos 17 anos de idade. As más condições sanitárias, a falta de compreensão da nutrição, a falta de higiene e, acima de tudo, os rituais muito restritos baseados na casta e nas crenças (que levam a casamentos consanguíneos, fornecendo assim mais genes comuns para as malformações) desempenham um papel cumulativo deletério nas mortes neonatais, nos abortos espontâneos e nas malformações congénitas. Convém referir aqui que, embora todas as situações de saúde apresentadas por muitas organizações internacionais sejam bem conhecidas, as pessoas não estão conscientes do papel definitivo desempenhado pelos factores genéticos; mesmo os principais especialistas subestimam este facto.

No entanto, é verdade que os rituais tradicionais indianos relacionados com casamentos, hábitos de vida e de higiene, hábitos alimentares, etc. são demasiado maus para os tempos modernos. A maior parte de nós gasta demasiado dinheiro e tempo em comida e bebidas de plástico, a fumar e a mascar tabaco, em vez de gastar em fruta e legumes. Está categoricamente provado que os produtos químicos dissolvidos em líquidos atravessam as barreiras placentárias, pelo que o abuso de drogas é muito prejudicial.

Veio a lume uma verdade infeliz, que começou a desempenhar um papel muito negativo na profissão médica. Na Índia e em todo o mundo, as pessoas sempre tiveram os médicos em alta estima, mas ultimamente esta nobre profissão tem sido ofuscada pelo novo conceito de "Mais e mais dinheiro". Na Índia, em particular, deparamo-nos com demasiados escândalos relacionados com a encenação de um médico num hospital e o pior resultado é uma grande perda da santidade da profissão. Mesmo os médicos mais nobres e irrepreensíveis estão sob suspeita e o seu comportamento é posto em causa. Como sabemos, a relação entre um doente e um médico evoluiu para o conceito de "relação de consumo", o que a torna suscetível de muitas complicações jurídicas. As nossas motivações egoístas e gananciosas formaram à nossa volta uma teia que nos aprisiona e pela qual são responsáveis os médicos-doentes e as instituições comerciais. Atualmente, gerir um hospital não é uma tarefa simples; com o aumento dos custos do mercado, o egoísmo da maioria das pessoas e a ganância incessante por mais e mais dinheiro, os serviços médicos estão repletos de desafios desejados e indesejados.

**É o que a maioria das pessoas pensa:**
(1) *São necessários resultados mágicos nos hospitais:*
Os familiares dos doentes precisam de resultados mágicos e, muitas vezes, não se obtêm respostas imediatas porque a maioria dos doentes só é levada para o hospital devido a problemas agudos. Além disso, a mesma doença ou afeção segue um caminho diferente até à recuperação, consoante o estádio da infeção ou da lesão e a resposta imunogenética do doente.
(2) *O pessoal médico pode ser negligente:*
As pessoas que os acompanham fazem demasiadas perguntas e exprimem demasiadas dúvidas.

A sua preocupação não é totalmente descabida, mas na maioria dos casos, os médicos e o pessoal de enfermagem raramente são reticentes. Compreendem a sua responsabilidade e preocupam-se mais com os seus pacientes do que com os assistentes. De facto, os clínicos precisam de maior liberdade de ação e de situações livres de interferências para exercerem a sua "presença de espírito em relação ao estado do doente".
(3) *Os médicos prolongam a duração do tratamento:*
Os médicos, nomeadamente nos hospitais privados, são frequentemente confrontados com esta alegação. Esta situação só pode ocorrer em hospitais que não estejam a obter excelentes resultados das suas equipas clínicas e que não atendam um número suficiente de doentes. Em situações normais, devido ao aumento descontrolado do custo dos medicamentos e de outras necessidades básicas da vida quotidiana, bem como aos custos adicionais associados à manutenção da limpeza, a despesa per capita

torna-se demasiado elevada.

(4) *São prescritos/recomendados demasiados "testes" indesejáveis ----------.*
Isto aplica-se a muitos hospitais/clínicos e, de um modo geral, uma queixa deste tipo
tem de ser reavaliada por um grupo de médicos. Isto deve-se, em parte, ao facto de
haver demasiados pretensos consumidores, conscientes dos seus direitos, que criaram
demasiadas complicações, tanto para os médicos como para a maioria dos doentes,
através dos argumentos dos advogados profissionais. A maioria dos doentes e dos seus
familiares sente-se impotente nesta matéria.

## Liberdade dos médicos

Na minha opinião, estes problemas devem ser tratados de forma adequada e são da
inteira responsabilidade da equipa médica e da administração em causa, uma vez que o
conceito de fórum do consumidor deu origem a demasiadas complicações
indesejáveis. A gestão de um hospital tornou-se demasiado complicada, apesar de ser
o mais nobre dos serviços sociais. Só quando uma equipa clínica examina e estuda
com toda a liberdade e presença de espírito é que se obtém uma imagem muito clara
dos males, das doenças e das lesões. Podemos não nos aperceber, mas o exercício e a
aplicação da presença de espírito determinam em grande medida o prognóstico. A
abordagem e as decisões tomadas na primeira meia hora salvam muitas vezes vidas.
Isto é particularmente verdade em situações de emergência. Depois de receberem os
cuidados necessários, estes doentes são imediatamente levados para a unidade de
cuidados intensivos ou para o bloco operatório. É sobretudo graças aos filmes e
documentários que as pessoas aprenderam a não entrar na sala de operações. No
entanto, há demasiadas pessoas que martelam e clamam para levar o doente para a
unidade de cuidados intensivos. Mas as pessoas deviam compreender e perceber que
as emoções têm de ser controladas e que tem de haver liberdade para o exame clínico.
Os médicos precisam de ter mais confiança do que a que existe hoje em dia.

*Unidade de investigação hospitalar*

Uma vez que a maioria dos hospitais não dispõe de instalações centrais bem
equipadas, seguimos as normas europeias relativas aos intervalos de unidades básicas
para muitos testes patológicos (parâmetros bioquímicos e fisiológicos do corpo
humano). Os melhores exemplos são os níveis de açúcar no sangue, os níveis séricos
de ácido úrico, etc. Os hábitos alimentares e os estilos de vida indianos, bem como as
gamas de temperaturas ambientais, têm interacções fisiológicas diferentes entre os
seres humanos. Os hábitos alimentares e os estilos de vida indianos, bem como as
gamas de temperatura ambiente, têm interacções fisiológicas diferentes nos seres
humanos. Com base na investigação indiana, alterámos os nossos limites. Estas
pequenas coisas transmitem-nos uma mensagem muito importante: devíamos ter uma

unidade de investigação em todos os hospitais.

Todos os novos hospitais/centros de saúde acrescentam o sufixo "    hospital    e investigação".

No entanto, a maior parte dos hospitais apenas tira partido das disposições relativas às deduções do imposto sobre o rendimento. A maioria afirma manter registos dos pacientes admitidos, do número de homens e mulheres, das suas faixas etárias e dos pormenores dos diferentes tratamentos, que também constituem dados de investigação. Infelizmente, muito poucos hospitais dispõem de um bioestatístico independente e de pessoal com formação informática (capaz de desenvolver programas informáticos para estabelecer correlações e propor associações complexas muito úteis). Os hospitais de maior dimensão que dispõem de fundos suficientes para criar uma unidade de investigação podem explorar muitos outros laboratórios especializados (bioquímicos, cromossómicos, unidades de aconselhamento genético, etc.). As nossas abordagens de investigação devem também ter em conta as implicações futuras, estabelecendo ligações com o casamento e a história familiar. Isto é absolutamente importante, nomeadamente no caso das doenças genéticas.

A maior parte dos clínicos não se apercebe que um doente com hemoglobinopatia necessita de um teste de variação da cadeia de hemoglobina e que um doente com doença falciforme não necessita de um tónico de ferro; nem todas as formas de anemia requerem tais tónicos. Do mesmo modo, as respostas imunogenéticas aos medicamentos diferem de um doente para outro.

Especificamente, qualquer hospital razoavelmente bom deveria ter uma ala de investigação, o que lhe permitiria obter financiamento do ICMR e de outras agências de financiamento da investigação.

*Considerações importantes: Para os familiares dos doentes*

Muitos familiares e amigos reúnem-se no hospital para ver e testemunhar que o "seu doente" está a ser tratado e cuidado muito bem. Apesar de as suas emoções serem válidas, o pessoal clínico tem de lhes pedir para se calarem e dizer-lhes constantemente "não se aproximem/estem lá fora, estamos a cuidar de si..."

Não deve ser permitido a mais do que uma pessoa ver/reunir-se com um doente na unidade de cuidados intensivos (UCI), uma vez que a deslocação de mais pessoas aumenta o risco de contaminação/infeção.

Falar alto aumenta a "poluição sonora" que lentamente danifica os ouvidos internos dos doentes.

As crianças pequenas (a partir dos 5 anos) não são aconselhadas a entrar nas enfermarias, uma vez que são mais susceptíveis de contrair uma contaminação ou infeção. Além disso, a sua presença pode provocar um choro indesejado ou uma excitação emocional.

O pessoal clínico precisa de pensar livremente para exercer o seu discernimento e presença de espírito, com a experiência necessária para a gestão estratégica do doente numa situação de emergência.

Decisões importantes dos hospitais (Melhoramentos)

A unidade de cuidados intensivos deve ser dividida em duas salas/partições ou unidades, de modo a que os doentes que necessitem de "inspeção policial" ou de interferência legal (ou seja, casos acidentais/problemas familiares, etc.) sejam mantidos ou transferidos separadamente. ) sejam mantidos ou transferidos separadamente. Isto deve ser possível nos novos hospitais.

Durante as minhas visitas a estes serviços, verifiquei que alguns doentes reagiam de uma forma muito pouco saudável quando viam alguém que lhes era próximo ser interrogado por agentes da polícia. Esquecem-se de que os médicos e os polícias estão a cumprir o seu dever sagrado. Os problemas locais têm de ser resolvidos após uma compreensão correcta das situações locais. Na minha opinião, os hospitais são estações de serviço que oferecem serviços piedosos!

# V. O HOMEM: PASSADO E PRESENTE

Os antigos evangelhos indianos, escritos a partir de 5000 a.C., afirmam categoricamente que o homem e as outras criaturas devem tudo à natureza e que, se não houver cuidado e respeito mútuos, a água, o ar e o solo "vingar-se-ão" e as repercussões serão intoleráveis, desfigurando toda a realização. O *Rigveda*, em particular (3000 a.C.), considera a água como um "deus" e obriga todos os seres humanos religiosos a venerá-la. A água é a condição primária de tudo o que nos rodeia, o chamado ambiente onde a vida e as formas de vida se podem sustentar; a água sustenta a vida e as formas de vida. Esta é uma verdade científica comprovada. O ambiente, no seu sentido mais lato, é "tudo o que nos rodeia em terra, na água e no espaço". Na prática, porém, quando falamos de ambiente, referimo-nos às condições gerais dos factores externos e internos que influenciam a vida de todas as plantas e animais vivos, incluindo os seres humanos. Para compreender o impacto complexo da rede ambiental, podemos simplesmente classificá-la em dois modos de funcionamento: o ambiente externo e o ambiente interno. O ambiente externo inclui principalmente os factores que nos rodeiam e que são de natureza física; por exemplo, o solo, a água, o ar, a temperatura, etc. Os factores do ambiente interno incluem todos os indivíduos vivos, as espécies e a sua luta biológica. Para sermos mais claros, o primeiro tipo é designado por ambiente físico e o segundo por ambiente biológico. No entanto, é importante compreender que estas são apenas designações temporárias, porque quando analisamos em pormenor, vemos que o ambiente não pode ser classificado de acordo com uma única abordagem, porque há sempre uma interação entre muitos factores. Por exemplo, quando consideramos o "**AR**" como um fator físico, encontramos também um grande número de microrganismos que tornam o "ar" bom ou mau; mas quando consideramos apenas os constituintes do ar na forma gasosa (como a proporção de azoto, dióxido de carbono e dióxido de enxofre), o ar torna-se apenas um fator físico. O mesmo se aplica à **água e** ao **solo.** É evidente que o ambiente está a tornar-se uma rede de problemas interdependentes ligados à vida de todos os tipos de organismos. É por isso que o ambiente, ou melhor, os factores ambientais (ar, água, solo, etc.), nunca podem ser dissociados das actividades de todos os organismos. O ambiente também pode ser considerado ativo de várias outras formas. Existem outras facetas do ambiente que se tornam globalmente importantes devido ao impacto universal da temperatura, da humidade, etc., por um lado, e à composição da biodiversidade (flora e fauna), por outro. O ponto principal do despertar ambiental dos últimos 50 anos é que todas as formas de vida necessitarão sempre de ecossistemas equilibrados para sobreviverem de forma equilibrada!

O homem progrediu, mas para quê? Segundo as estimativas, muitos países poderão ficar sem água potável dentro de cerca de cinquenta anos. O homem, que conquistou largamente a natureza nos últimos dez mil anos e, sobretudo, nos últimos duzentos anos, será vítima de catástrofes naturais a seu tempo". Biologicamente, o homem deve todas as suas virtudes a todas as outras espécies. Os estudos moleculares modernos provaram, sem margem para dúvidas, que herdámos cópias de genes de diferentes organismos ao longo de várias centenas de milhões de anos. Na miragem do progresso, o homem tem tentado modernizar-se criando problemas excessivamente desagradáveis que tornam a "sua própria vida" miserável. Ultimamente, as situações de aquecimento global provocadas pelo homem têm surgido de tal forma que o futuro se torna cada vez mais ilusório. "O homem está a cavar a sua própria armadilha para se eliminar? Todos devem estar convencidos de que as emissões gasosas prejudicaram a nossa biologia e o nosso ambiente, nomeadamente nos últimos 40 anos. O nível do mar subiu, as flutuações de temperatura são demasiado frequentes, as aves migratórias mudam os seus horários e o calendário climático natural alterou-se. Chegou o momento de recuperar e enriquecer cientificamente os ecossistemas florestais e aquáticos, monitorizando simultaneamente os nossos recursos hídricos marinhos.

Os avanços tecnológicos modernos tornaram-se essenciais para todos. De uma forma muito simplificada e semi-técnica, as páginas deste livro conduzirão o leitor como se estivesse a atravessar um riacho, esclarecendo-o sobre certos princípios fundamentais da vida. Como surgiu a vida na Terra, como e porquê existem todos os seres vivos? Microrganismos, pequenos e grandes Plantas - Os animais, incluindo os macacos, os hominídeos e o homem, são fundamentalmente semelhantes, mas diferem em muitos aspectos (centenas)? Porque é que devemos conhecer os organismos que existiram há milhões de anos (fósseis)? Porque é que havemos de conhecer os tipos de sangue, os defeitos/características genéticas, certas doenças, características boas ou más e, sobretudo, os "prós e contras" de um ser humano? Os trabalhos de investigação pioneiros de Stanely Miller, Horowitz e outros provaram explicitamente que o carbono desempenhava um papel "vital" na formação de compostos orgânicos com a ajuda de hidrogénio, oxigénio, fósforo e azoto e gerava gases (metano, etano, etc.) às altas temperaturas prevalecentes na Terra. Foram produzidos centenas e milhares de compostos, bem como água, que encheram a Terra em todos os sítios possíveis.

Segundo a filosofia científica indiana, *a vida é constituída* por *"kshitiz"* (carbono), *jal* (hidrogénio+oxigénio), *pavak* (fogo, fósforo), *gagan* (céu, *oxigénio) e *sameera* (ar, azoto).**A Mãe Terra**, assim chamada, tornou-se há 400 mil milhões de anos um vasto reator de laboratório que emana milhares de compostos orgânicos, libertando mais tarde uma combinação maravilhosa conhecida como ácidos nucleicos, primeiro o R N A de cadeia simples e depois o D N A, uma molécula mágica com uma "facilidade" de formação de modelos. [th] [st]Segundo o biólogo russo Oparin e, mais tarde, J.B.S. Haldane (estatístico britânico e um dos mais famosos geneticistas do século XX, falecido como cidadão indiano a 1 de dezembro de 1964 em Bhubaneswar), a vida surgiu sob a forma de uma sopa (coloidal) e flutuou nos mares do mundo. A estrutura arquitetónica/geometria da molécula de ADN, bem como do ARN, facilitava a natação *livre*. Esta **natação** pode ter durado vários milhares de milhões de anos!

**Regras de vida**

Quando a vida surgiu, manifestou-se sob a forma de uma célula: uma única célula. Uma membrana aparentemente frágil que engloba o caldo (alma ou "sola") da vida sob a forma de moléculas minúsculas meticulosamente envolvidas de modo a respeitar os mandamentos fundamentais da vida: multiplicação exacta, deve replicar-se para produzir a sua própria espécie (a vida gera a vida); o conteúdo deve ser embebido em água para praticar a fisiologia, as actividades moleculares intracelulares devem continuar ;
Os seres vivos têm perceção inerente (sentidos), reagem espontaneamente; respondem a estímulos, calor, luz, frio (variáveis) e instintos opostos. A forma e a função do "macho" tem de ser móvel e a mãe fêmea tem de ser estagnada/estacionária, suportando o resto da responsabilidade biológica. Assim, biologicamente, os machos acabam por ser muito menos responsáveis do que os seus homólogos. Num organismo unicelular, como uma bactéria, uma célula aproxima-se, toca e envia um tubo para transportar o seu conteúdo (masculino) para a outra célula bacteriana; os conteúdos do hospedeiro e do hóspede fundem-se (tornam-se um só) e mais tarde encolhem e produzem as suas próprias estirpes. A perceção inerente de estirpes opostas (sexo) tem origem na evolução da dupla hélice (ADN) que se complementa, tornando-se uma delas um modelo para a origem de outra, o parceiro de emparelhamento. De facto, a filosofia e a regra do jogo de que "são precisos dois para fazer uma vida" levou à descoberta da estrutura de dupla hélice do ADN há mais de cinquenta anos. Numa bela manhã, no Laboratório Cavendish, em Cambridge, Francis Crick e James Watson discutiam se a molécula-mestra, o ADN, deveria ter duas ou três hélices. No início, ambos ficaram muito impressionados com o conceito tridimensional de moléculas proposto por Linus Pauling, razão pela qual, tal como Pauling, também defendiam a existência de três hélices. Depois, de repente, James lembrou que "são precisos dois para fazer uma vida" (uma verdade muito geral mas biológica) e as camadas de gelo derreteram-se. Crick e Watson sorriram para a vida, prepararam um modelo de ADN com duas hélices opostas baseado na estereoquímica e a descoberta do Prémio Nobel.

A enorme diversidade de organismos, ou seja, bactérias e muitos outros microrganismos, plâncton, plantas e animais, grandes e pequenos, por outras palavras, organismos vivos e fósseis de todas as categorias e tipos, incluindo os hominídeos, e o homem são fundamentalmente um em muitos aspectos (unidade), ou seja, cada indivíduo é uma célula ou foi uma célula; cada célula tem um citoplasma, um meio coloidal que a preenche, e ácidos nucleicos (ARN-ADN). Os organismos que não possuem um núcleo organizado são chamados procariotas e aqueles cujas células possuem um núcleo são chamados eucariotas. A célula eucariótica tem cromossomas organizados.

DOIS progenitores 'fazem' um indivíduo (uma descendência) porque cada progenitor contribui com 50/50 (unidades de hereditariedade; *genes)* através dos gâmetas. [th]É de extrema importância o facto de os modos de herança e transmissão de características de uma geração para a seguinte serem teoricamente conhecidos pelos estudiosos indianos há mais de dois mil anos, mas os dados científicos baseados em experiências de hibridação só foram realizados e conhecidos por nós no século XIX. Mas o mais importante é Gregor Johannes Mendel, um monge austríaco que nasceu em
BRUN (atualmente na República Checa). Mendel foi a primeira pessoa a provar, sem margem para dúvidas, que uma caraterística é controlada por um ou mais genes, sendo cada gene constituído por dois alelos, um proveniente de um progenitor e outro de outro progenitor através dos respectivos gâmetas, utilizando hibridações muito bem planeadas. [222]Mendel demonstrou que esta SEGREGAÇÃO se devia a uma probabilidade igual (50/50) para cada alelo e que esta segregação era explicada pela expressão binomial: $(a + b) = a + b + 2ab$ Eis a verdade: Mendel ultrapassou todos os experimentadores anteriores neste domínio, aplicando os princípios da probabilidade e da expressão binomial a um conceito muito claro e inalterável de HEREDITARIEDADE e VARIAÇÃO. O mendelismo é apresentado na galeria com o objetivo de esclarecer cada espetador sobre o que um cidadão moderno, independentemente da sua formação, deve saber.

**Cromossomas**

Sabemos que as nossas células contêm 46 cromossomas; uma mulher humana tem 44 + dois cromossomas XX, enquanto um homem humano tem 44 + os cromossomas X e Y.
É importante saber que a mãe da criança "dá" um cromossoma X ao filho do sexo masculino e, por conseguinte, também um cromossoma X à criança do sexo feminino. Mas o pai dá um cromossoma Y ao filho homem e um cromossoma X à filha mulher.
Dois progenitores "fazem" um indivíduo (uma descendência) porque cada progenitor contribui com 50/50 (unidades de hereditariedade; *genes)* através dos gâmetas. [th]É da maior importância que os modos de herança e de transmissão de caracteres de uma geração para a seguinte sejam teoricamente conhecidos pelos estudiosos indianos há mais de dois mil anos, mas que os dados científicos baseados em experiências de

hibridação só tenham sido realizados e conhecidos por nós no século XIX. Mas é Gregor Johannes Mendel, um monge austríaco nascido em Brun (atualmente na República Checa), que é o mais importante. Mendel foi a primeira pessoa a provar, sem margem para dúvidas, que uma caraterística é controlada por um ou mais genes, sendo cada gene constituído por dois alelos, um proveniente de um progenitor e outro de outro progenitor através dos respectivos gâmetas. [222]Mendel demonstrou que esta SEGREGAÇÃO é devida a uma probabilidade igual (50:50) para cada alelo e esta segregação foi explicada pela expressão binomial; $(a + b) = a + b + 2ab$.

A verdade é esta: Mendel ultrapassou todos os experimentadores anteriores neste domínio ao aplicar os princípios da probabilidade e da expressão binomial a um conceito muito claro e inalterável de HEREDITARIEDADE e VARIAÇÃO.

**Genes e cromossomas**

"Os genes encontram-se dentro de um cromossoma. Cada cromossoma tem genes (alelos) que se encontram dispostos de forma linear; de facto, um cromossoma pode ter de 10 a 10 000 genes e é essencialmente uma estrutura unitária para a(s) função(ões). Um cromossoma é constituído por duas cromátides

Cada cromátide é uma estrutura enrolada cheia de cromatina (carregada de ADN+ARN+PROTEÍNAS, etc.) que sabemos hoje ser constituída por um conjunto de "esferas" (nucleossomas).

Sabemos que as nossas células contêm 46 cromossomas; uma mulher humana tem 44 + dois cromossomas XX, enquanto um homem humano tem 44 + os cromossomas X e Y.

É importante saber que a mãe da criança "dá" um cromossoma X ao filho do sexo masculino e, por conseguinte, também um cromossoma X à criança do sexo feminino. Mas o pai dá um cromossoma Y ao filho do sexo masculino e um cromossoma X à filha do sexo feminino.

**Dispersão de genes na evolução**

Um grande número de sequências de ADN foi conservado em vários filos animais divergentes, com muitos genes a manterem a mesma função (Gianfrancesco e Musumeci, 2004) nos seres humanos. Há também um grande número de sequências de ADN que se sabe serem estritamente homólogas, mas que têm funções muito diferentes. Por exemplo, em *Drosophila melanogaster,* sabe-se que mutações do *tipo patched* causam defeitos nas veias das asas e a versão humana deste gene PTC causa defeitos nas costelas e cancro da pele. Este gene está mapeado no braço longo do cromossoma humano 9, muito próximo do local onde estudos de ligação genética mostraram que o gene da síndrome do nevo de células basais está presente. Outro exemplo em que um gene normal na mosca da fruta provoca cancro noutros organismos é o gene *wntl* que, na mosca da fruta, funciona como um gene sem asas, mas que provoca um tumor mamário no homem quando se torna demasiado ativo. Do mesmo modo, o gene humano GLI, descoberto como um oncogene num tumor cerebral humano raro, é agora conhecido como sendo a contraparte do gene *Cubitus interruptus* da mosca (Johnson et al 1996 citado por Pennisi, 1996). Recentemente, tornou-se claro que os seres humanos, outros mamíferos e muitos outros organismos também possuem as suas próprias versões de genes presentes noutros organismos. Por exemplo, os homólogos vertebrados de **hh** e **ptc** foram identificados em ratos, galinhas e peixes-zebra. Nos humanos, estes genes desempenham um papel importante na organização de muitos tecidos, incluindo o tubo neural, o esqueleto, os membros, as estruturas craniofaciais e a pele. Existem fortes indícios de que é possível encontrar sequências conservadas em filos diversos e aparentemente não relacionados, mas que as funções desempenhadas nesse organismo pelo mesmo gene não são necessariamente as mesmas.

Recentemente, os nossos resultados sobre as sequências de ADN genómico de um taxon de plantas vasculares inferiores, uma licófita, *Isoetes pantii*, comparadas com ADN genómico humano utilizando a base de dados pública NCBI Blast Gene Bank, abriram uma nova linha de pensamento. O ponto mais notável do argumento é que uma parte da sequência de ADN de um gene pode ser encontrada, embora muito raramente, numa espécie totalmente não relacionada, sem qualquer significado evolutivo. Comparações com o ADN genómico de diferentes espécies de plantas e de alguns animais mostraram que nenhuma espécie, mesmo entre os *Isoetes*, apresenta tanta homologia com diferentes sequências de ADN humano baseadas em loci como *Isoetes pantii* . Pensa-se que este táxon tenha surgido de uma hibridação natural e que tenha sofrido um rearranjo genómico (publicado noutro local). Em suma, algumas plantas raras podem possuir sequências de ADN semelhantes às que se encontram no genoma humano, obviamente por mero acaso. O ponto importante do argumento é que uma porção de ADN de um gene pode ser encontrada, embora muito raramente, numa espécie completamente não relacionada, sem qualquer significado evolutivo.
A seguir, seleccionámos outra espécie vegetal rara de grande importância evolutiva, o *Ginkgo biloba,* do qual já foram sequenciados mais de 200 genes. O objetivo da pesquisa de homologia por computador de 25 genes era descobrir se os genes conhecidos e as suas funções podiam ser encontrados no genoma humano (?) Com exceção da homologia de 20 a 30 nucleótidos idênticos, nenhum gene *do Ginkgo* tem uma sequência completa,

**Distribuição aleatória de genes**

(A) Vários genes conservados presentes nos cromossomas X dos eutérios estão localizados nos autossomas dos marsupiais.

B) As sequências DXYS1 estão presentes tanto no cromossoma X como no Y nos humanos, mas nos grandes símios só foram identificadas no cromossoma X e não no Y.

(C) A família de sequências altamente conservadas (GATA) n está presente em leveduras, ratos e humanos.

Recentemente, encontrámo-los também em plantas.

(D) Também demonstrámos a distribuição de sequências genéticas idênticas em diferentes cromossomas humanos, bem como em cães, porcos, ratos e cobras, etc.

É de salientar que uma maior percentagem de concordância nas sequências de ADN de alguns genes em certas plantas e animais, incluindo o homem, pode explicar a persistência geológica de certos segmentos/versões de ADN de genes (? conservados durante milhares de milhões de anos, provavelmente devido a uma distribuição aleatória). Estas sequências de ADN devem ter sido integradas em conjuntos de subgéneros muito antes da divergência das plantas e dos animais (entre os períodos pré-cambriano e cambriano, há 500 a 600 mil milhões de anos). Os genomas são evolutivamente elásticos e viajaram filogeneticamente durante milhões de anos, espalhando-se por diversos organismos em todo o mundo em qualquer altura desde o aparecimento da vida na Terra.

Consequentemente, um gene presente num organismo num domínio cromossómico pode estar presente para uma função diferente ou semelhante num domínio diferente noutro organismo e, por conseguinte, não é de forma alguma um "residente de boa-fé" exclusivo desse organismo.

O homem tornou-se um mamífero magistral, dotado de um enorme vigor, de uma grande inteligência e de poderes físicos e mentais cada vez maiores. As faíscas eléctricas e os trovões que rasgavam o céu foram o primeiro treino para a sobrevivência. As grutas, grandes ou pequenas, ofereciam proteção contra certas calamidades, mas os homens e as mulheres tinham de se deslocar, em busca de alimentos e mais alimentos. O instinto de migração deve ter evoluído com o bipedalismo do *Homo* no decurso normal da evolução. Concretamente, a evolução e a especiação no seio do género *Homo* foram tornadas necessárias pelas migrações em grande escala, que ofereceram oportunidades favoráveis para o acasalamento aleatório entre as chamadas subespécies durante um período de vários milhões de anos. O homem, enquanto espécie, tem de se reproduzir para sobreviver e tem de sobreviver para se reproduzir. O homem sozinho vagueou de continente em continente, atravessou oceanos e vales e fixou-se à medida que a consciência alimentar e reprodutiva evoluiu juntamente com um conceito natural de sentido de propriedade; os instintos sociobiológicos prevaleceram e deram origem, há vários milhares de anos, à ideia de se fixar. Assim, o homem fixou-se, o que significa que aprendeu a ficar e que o conceito de família, de sociedade e de agricultura evoluíram.

É inegável que as migrações testaram e reforçaram a elasticidade adaptativa do genoma humano, e que as enormes variáveis em muitos loci genéticos podem ser os resultados inerentes à hibridação natural, às pressões de seleção diversificadas e às séries de mutações. Assim, na prática, as migrações de pequenos e grandes grupos são os vectores naturais da deriva genética e do fluxo genético entre as populações do mundo.

# VI. MUNDO EM PERIGO - CIDADANIA

Nós, cidadãos do mundo, vivemos numa sociedade atormentada pela insegurança, com o aparecimento de novas técnicas de incómodo, terror e desconfiança crescente entre cidadãos de todo o mundo. Bombas em autocarros, comboios, cinemas, mercados, aviões e caixotes do lixo são apenas alguns exemplos do ódio de um pequeno número de pessoas contra nações progressistas. Estes actos desumanos são o resultado da corrupção de pessoas excessivamente egoístas, mesquinhas, gananciosas e anti-sociais, espalhadas por todo o mundo. Os nossos líderes políticos irresponsáveis engendraram e alimentaram fielmente estes valores durante algum tempo, bem mais de quatro décadas. Mesmo na Índia, não somos mais do que pregadores da paz, mas sempre apoiámos os criminosos e mascarámos os seus actos desumanos como sendo parte integrante da democracia. Teoricamente, éramos conhecidos como símbolos de tolerância, mas, como carácter nacional, exibimos agora as nossas queixas e descontentamento em todas as questões; diz-se que acreditamos em "esquecer e perdoar", mas o nosso instinto de vingança nunca diminui. Este dualismo das práticas indianas está bem patente há mais de cinquenta anos, embora se diga que prevaleceu em todos os períodos da civilização humana. E este dualismo, ou mesmo este pluralismo de personalidades divididas, é galopante em todo o mundo, entre todos os políticos, em todo o lado, de modo que o cidadão comum se torna uma vítima fácil. Isto deve-se sobretudo ao aumento constante da economia a todo o custo, e esta caraterística global é o dogma motor do progresso moderno. Para ser honesto, o progresso económico só é favorável aos valores éticos no início, mas depressa se torna uma conjetura livresca.

O novo formato da sociedade não é aceitável para milhões de cidadãos simples, honestos e humildes que acreditam na fraternidade, no amor de todos os seres humanos e no dever como a primeira religião humana: aqueles que acreditam que a segunda religião é uma opção de pensamento e de modo de vida! Contei as batidas do coração destas pessoas em todo o mundo através de discussões pessoais, envolvimento e partilha de respeito mútuo.

A exibição do ódio sob a forma de terrorismo é a última edição da asfixia dos valores, dos sentimentos e das ambições humanas. Técnicas variáveis de gerar terror desafiam continuamente as nossas conservações dependentes do progresso tecnológico. E a verdade amarga é que nunca poderemos alcançar uma sociedade perfeita, limpa e honesta. Não porque tal sociedade nunca tenha existido em lado nenhum, mas porque, biologicamente, é improvável, impossível e definitivamente imaginável. Os perversos nascem sempre, são socialmente transformados/fabricados, alimentados e sempre foram "domesticados" pelo poder. Pretendo iluminar todos estes pontos com base nos meus próprios estudos, acumulados como produtos da minha atividade principal nos domínios da genética, concentrando-me principalmente na reprodução, nas estratégias de sobrevivência e no comportamento adaptativo em plantas e animais, incluindo os seres humanos, espalhados por muitos países. Os estudos efectuados nos últimos cinquenta anos sugerem que os seres humanos são mais receptivos, mais sensíveis e também mais adaptativos.

Em primeiro lugar, concentro-me no impacto das perturbações sociais nos aspectos biológicos do comportamento humano e do desempenho reprodutivo.

### (i) Prevalência de stress social excessivo

Há muitos problemas na nossa sociedade que se tornaram sinónimos da região; o que eu conheci foi, ou melhor, foi o "problema do dacoit". [th]A palavra "dacoit" foi ouvida pela primeira vez na rádio All India em 1955 e lembramo-nos de "Daku Mansingh mara gaya"; eu era um estudante da 10ª classe e o meu pai estava então colocado em Nowgong (Chhatarpur) como magistrado. Durante a nossa adolescência, deparámo-nos com muitos casos e o drama popularmente representado nos palcos de "Sultana Daku" foi um tema de recreação festiva no Norte da Índia durante várias décadas. Na região de Bundelkhand, sobretudo na cintura em torno do rio Chambal e, mais tarde, nas aldeias em redor de Jaulon, no Uttar Pradesh, ouviam-se histórias de terror e de serviços sociais e as pessoas eram rotuladas de "bons Daku" e "maus/cruéis Daku" (bandidos). Os dacoits espalharam o terror entre as massas e lembro-me que, sempre que visitava a minha família na zona de Jaulon, nos anos 50-1960, todos me avisavam que devia regressar a casa antes do pôr do sol e, em qualquer caso, que nunca devia estar sozinho. Sempre quis entrar nas florestas naturais, ao longo dos rios e explorar lugares invisíveis, mas muitas vezes era dominado por uma tensão que era tudo menos natural. Além disso, estávamos sempre a ouvir notícias de um assassínio ou de um rapto numa região vizinha, o que dava apoio suficiente aos meus tutores temporários. O pior de tudo é que um homem armado me acompanhava num passeio matinal. A história não acaba aqui, há vários exemplos de pagamentos que me vêm à cabeça, mas um deles é mais importante.

### Necessita de proteção policial no âmbito das suas funções normais

Mesmo como professor de botânica no Government Science College, em Gwalior, costumava pedir um guarda da polícia para acompanhar os nossos estudantes de mestrado. O guarda era transportado no nosso autocarro público alugado para a zona florestal em torno da barragem de Tigrha, por vezes na estrada de Shivpuri (1967-1973), e também recebíamos ajuda da esquadra de polícia de Ghatigaon. Em todos os domínios da vida, há pessoas que vivem felizes e gostam do seu trabalho, que dizem piadas, que fazem rir as pessoas e que mantêm um ambiente agradável. Lembro-me de alguns polícias que me acompanharam muitas vezes e um deles disse-me uma vez: "Goswami saab, tens sido egocêntrico nos teus estudos, mas nunca te preocupaste connosco; recolheste dezenas de plantas, mas nós não conseguimos recolher um único daku nesta zona, ajuda-nos a fazê-lo". Dei-lhe um conselho: vista-se à civil como um estudante, recolha plantas, aprenda alguns truques técnicos e, claro, arme-se com armas, etc., numa caixa de ferramentas botânica, nunca se sabe, pode resultar! Mostrei-lhes sinais da sua presença anterior (dacoits/? dakus). Deixam 'sempre' sinais colocando galhos e ramos de uma forma não natural que nenhum pastor faria desta forma, nem mesmo um aldeão, e através destes códigos não vigiados, os dacoits enviam avisos/mensagens aos seus colegas. Não foi um palpite meu!

Estes são apenas alguns dos exemplos que estabeleceram uma "fé" na minha abordagem ao problema de que uma sociedade sob stress permanente deve ter, na grande maioria das pessoas, um instinto de insegurança. A insegurança e a suspeita sob stress despertam a glândula pituitária, que segrega mais hormonas do que o necessário. Falamos de coragem, mas assim que vemos uma cobra nas proximidades, os nossos olhos enviam uma mensagem de alarme ao cérebro, que a traduz e, numa fração de segundo, a hipófise entra em ação, provocando uma subida involuntária da tensão arterial, o medo torna-se operacional e a voz fica trémula. As respostas fisiológicas humanas são tão interdependentes das respostas neurológicas e tão sensíveis que uma fração de segundo pode alterar toda a personalidade. Na nossa antiga literatura védica indiana, o domínio da raiva, do medo e da ganância é considerado o testemunho de uma alma nobre. Esta hipótese foi testada com base em dados hospitalares recolhidos nos registos das maternidades, dos centros de saúde primários e dos hospitais da região de Gwalior. As estatísticas de nascimentos de 1950 a 1995 deram resultados muito alarmantes. Além disso, realizámos inquéritos às famílias, principalmente com a ajuda de estudantes de pós-graduação do nosso centro e de muitos outros centros universitários, que ofereceram a sua ajuda neste trabalho aparentemente secreto, mas de resto muito importante. Vale a pena mencionar aqui que estes inquéritos foram comparados com muitos tipos diferentes de amostras de população (no contexto biológico, chamamos a uma amostra de população um grupo de reprodução, que na Índia varia de acordo com o sistema de castas, por vezes também de acordo com a língua ; Um projeto personalizado muito paciente acumulou dados de MP (com Cgarh), Bihar (antigo), Himachal, Punjab, Srinagar, Andhra Pradesh e algumas amostras esporádicas, que se revelaram informações consolidadas muito autênticas, algumas das quais já foram publicadas em revistas nacionais e internacionais.

**(ii) A geminação é influenciada por**

Uma mãe dá à luz mais do que um filho com alguns minutos a algumas horas de intervalo. Este fenómeno é conhecido como "gemelaridade" e inclui geralmente o nascimento de trigémeos, quadrigémeos e outros. Todas as populações têm uma frequência de gémeos da ordem dos 8 a 15 por mil (o que significa que, em cada 1000 nascimentos, há 8 ou mais nascimentos de gémeos, o que inclui também os nascimentos múltiplos). De um ponto de vista científico, queremos saber quantos trigémeos e nascimentos múltiplos ocorreram numa população, e estes dados estão muito bem registados em cada aldeia. Os nascimentos de gémeos nunca são ignorados porque, como sempre, são objeto de curiosidade social, de preocupação e de tensão para a mãe e para os seus cuidadores, devido à saúde do recém-nascido e da mãe. A proporção global de nascimentos de gémeos num ano, numa região, e a comparação com outra população da mesma forma, ao longo de vários anos, fazem a diferença. De um ponto de vista biológico, tiramos muitas conclusões e fazemos observações muito úteis sobre as diferenças intra e interpopulacionais e sobre o impacto dos riscos ambientais. Os meus estudos, publicados em 1970 e posteriormente, destacaram pela primeira vez o papel da idade materna e dos antecedentes genéticos, facto que foi confirmado pelos investigadores escandinavos. Os nascimentos de gémeos dependem em grande medida da hereditariedade, da predisposição da mãe para os factores ambientais e da sua idade avançada (as mães que concebem com 35 anos ou mais têm grandes probabilidades de dar à luz gémeos). Foi intrigante verificar que a frequência de trigémeos, em particular, aumentou na região de Morena-Gwalior entre 1960 e 1975, antes de diminuir de forma alarmante entre 1975 e 1980. Os nossos dados totais, baseados em cerca de 6 milhões de nascimentos, sugerem que a frequência média de trigémeos era de 1 em 880 nascimentos (frequência de trigémeos apenas) e que tinha diminuído em 1975-1980 para 1 em 1700 nascimentos. Na conferência de Roma sobre gémeos, em 1989, apresentei estes dados, que suscitaram a consternação de muitas pessoas e a curiosidade de centenas de outras. Como possível explicação, sugeri que um desequilíbrio hormonal influenciado pelo medo, ansiedade e tensões sociais de longa duração era responsável pela maior tendência para ovular nas mulheres que viviam nesta região. Os resultados publicados sobre a geminação na Europa durante e após a Primeira Guerra Mundial, bem como os dados mais abrangentes durante e após a Segunda Guerra Mundial, deram um apoio muito forte a esta hipótese. O território da Alemanha e da Europa Central apresentou taxas máximas de gemelaridade durante a década da guerra, que diminuíram no final da década de 1950. Que grande fenómeno biológico para compensar a perda de vidas humanas!

**(iii) A medicação excessiva é a pseudo-saída para a insegurança**

Uma espécie sujeita a um stress biológico significativo reproduz-se mais rapidamente do que uma espécie sujeita a relutância. Sabe-se também que a gemelaridade é influenciada pela toxicodependência, a sobredosagem de contraceptivos orais, o excesso de álcool ou outras dependências. Todos estes factores se enquadram no princípio da vigilância fisiológica a três níveis: mínimo, ótimo e máximo. Nem todos os indivíduos reagem exatamente da mesma maneira, mesmo os gémeos são como "duas ervilhas numa vagem", pelo que nunca podemos atribuir um único fator causal a um fenómeno biológico.

É uma verdade dogmática que não há nada que possa ser considerado "definitivo" em biologia. Mas tentamos fornecer explicações e, em questões como esta, a recolha de dados populacionais (estudo epidemiológico) e a utilização de comparações estatísticas com muitos estudos relevantes são aplicações muito fiáveis. Um problema biológico muito lamentável diz respeito às malformações congénitas que estão diretamente ligadas ao consumo excessivo de drogas, à toxicodependência e às novas dependências (nem todas as malformações congénitas são hereditárias). Nos anos 40, as mulheres utilizavam doses excessivas de comprimidos para dormir que incluíam este composto orgânico, a talidomida. Com base em estudos cromossómicos efectuados em células vegetais sob a influência da talidomida, seguidos de estudos epidemiológicos e de observações em culturas de tecidos, os biólogos recomendaram a proibição dos medicamentos dependentes da talidomida. Este estudo revelou também, pela primeira vez, que os medicamentos em forma molecular não são retidos pelas barreiras placentárias e podem prejudicar o desenvolvimento do embrião. As mulheres grávidas estão muito expostas a estes riscos!

Tanto do ponto de vista científico como ético, a maternidade é a maior virtude de uma mulher e de uma mãe.

### (iv) Falta de sociabilidade

Realizámos estudos aprofundados sobre gémeos e geminações em diferentes regiões do país (mais de 14 milhões de nascimentos atualmente) entre 1964 e 2004, tendo em conta variáveis ecológicas e padrões de casamento (porque o casamento no seio da família, como é prática em muitas comunidades na Índia, traz genes comuns aos filhos). Em várias ocasiões, intervim em casamentos entre famílias muçulmanas em Bhopal e tentei convencer ambas as partes dos possíveis perigos das combinações genéticas. Fi-lo porque tinham pedido o meu conselho como cientista, por isso como poderia ser injusto com eles? O dever de um biólogo exige sempre uma discussão sincera com quem quer que seja, e uma língua gordurosa pode agradar às pessoas mas não servir a ciência. Estas abordagens honestas numa sociedade só podem sustentar a longevidade quando existe confiança mútua; atualmente, no progresso moderno, deparamo-nos com a maior escassez de fé mútua.

O grande Shakespeare escreveu "em quem podes confiar neste mundo quando a tua própria mão direita está contra o patrão". Tudo o que conhecemos em todo o lado é a desconfiança porque nos sentimos inseguros. E porquê?

Nas minhas palestras, mencionei a "violência" como um instinto natural, original e universal nos sistemas biológicos. Uma sociedade insegura facilita a expressão da violência; a não-violência é a supressão do ego, que tem uma ocupação mínima numa atmosfera perturbada. Ninguém gosta da supressão dos desejos; nem mesmo ninguém quer ter em conta as precauções. É um facto muito surpreendente da biologia comportamental que os factores que aumentam a angústia possam estar associados à gemelaridade e levar a um aumento das taxas de aborto na população humana. Há mais de uma dúzia de factores biológicos e não biológicos na origem dos abortos recorrentes e das interrupções demasiado precoces da gravidez (entre as 4 e as 6 semanas de gestação, antes de a gravidez ser detectada), mas, entre os factores ambientais, a angústia social induzida a longo prazo é um dos parâmetros mais conhecidos. As catástrofes naturais e as calamidades têm o seu próprio modo de destruição. A luta pela sobrevivência de uma espécie continua sempre no cenário biológico.

O que devemos fazer é enquadrar as nossas reivindicações com um sentido de propósito, os egos devem ser cercados pelo nosso sentido de dever. Muito honestamente, o nosso país nunca conseguirá regressar aos verdadeiros valores indianos da tolerância, da aceitação do conhecimento e da fé mútua no respeito. Atualmente, é mais impossível do que difícil voltar atrás no tempo! Será isto pessimismo? Não, de todo. O tempo perdido nunca pode ser recuperado, uma época passada pode ser reencenada num palco ou num drama, mas não na vida real, os danos causados à humanidade desaparecem no espaço de um instante! Os melhores exemplos são retirados da história da Índia, que remonta a 3000 a.C. O Senhor Rama pode não ter vivido feliz (?) após o exílio "injustificado" de Sita. Arjuna foi convencido a fazer o seu trabalho, Duryodhan fez o seu trabalho e, acima de tudo, Bhisma e Dhrithrastra foram compreendidos a continuar o seu trabalho apesar do facto de todos estarem a tomar consciência das consequências drásticas. Fico muitas vezes maravilhado com a quantidade de ódio na mente de Dhrithrastra, que queria esmagar e mutilar Bhimsen, apesar de ter perdido cada um dos seus filhos, o seu império e o objetivo final da sua vida. A frustração ou o "ódio acabado", ou ambos, são inseparáveis! A sede de poder e a fome de vingança são imortais, nunca morrem, reproduzem-se de facto em massa ao longo de várias gerações sociais.

Os restos feridos do ódio transformam as suas crenças no ethos da sua religião isolada. A mente humana é a mente mais perversa do mundo biológico. Por isso, teremos sempre guerras, catástrofes provocadas pelo homem e destruição voluntária.

# VII. O CONCEITO DE GOVERNAÇÃO NACIONAL PODE REPARAR A ECONOMIA E A ÉTICA

O mundo inteiro assistiu, em todos os capítulos da história passada, à vitória da verdade após uma longa luta à custa de muitas perdas infelizes. Mas, na prática, a verdade nunca existiu para reinar e nunca existirá para dominar, porque o homem é portador não só da verdade, mas também do mal. O mundo moderno, particularmente nos últimos cinco ou seis séculos, foi moldado por diferentes tipos de motivos. E a agenda nacional universalmente aceite e inalterável é "Explorar e Gozar". A inveja é a arma mais antiga do homem, e os governantes ou reis transformaram-se em políticos sob o falso disfarce da democracia. Enquanto a política parecia ser uma estratégia para envolver o cidadão comum, o político parecia ser um indivíduo contraditório, tanto mais que as democracias mal intencionadas optaram pela burocracia, companheira da escravatura. As regras de ordem pública não são aplicadas de forma criteriosa e o favoritismo prevalece frequentemente. A discriminação inflamou a inveja e gerou o ódio em massa em quase todas as nações deste grande mundo! O ódio é um fogo que não cozinha os alimentos, mas queima os impérios. E todas as nações o praticam, enquanto tendem a pronunciar a palavra "democracia". É a inveja, e não a nobreza, que está na origem da verdade em todo o mundo.

Na minha opinião, a política partidária perdeu a sua integridade bruta e parece ter-se afastado do serviço à nação. O conceito de governação nacional aqui proposto minimizará a maior parte dos males flutuantes da governação político-partidária. Em todo o caso, todos os cidadãos esclarecidos do mundo precisam de pensar em reacender o humanismo e preferir um mundo melhor, começando por melhorar o seu próprio país. O conceito de governação nacional exclui as eleições frequentes e a "queda do governo" porque, uma vez eleitos, os titulares dos cargos desvinculam-se da sua filiação partidária e prestam juramento de pertença ao Partido da Governação Nacional (APNG). As ideias e as propostas serão apresentadas no seio da assembleia, serão discutidas e poderão ser rejeitadas, o que não terá outro efeito senão o de apresentar outra proposta aceitável para a maioria da assembleia ou das assembleias. Muitas questões complexas podem ser resolvidas através do envolvimento de peritos jurídicos e sociais para implementar o conceito de governação nacional. Qualquer nação que opte pelo AGNP quase duplicará a sua riqueza económica em cinco anos, se formos optimistas!

O resultado mais infeliz da má governação em qualquer país é a disseminação da discriminação entre as massas sob o pretexto de democracia ou liberdade. A liberdade de pensamento não significa que as mãos levantadas da maioria possam vender a ética humana fundamental. Nem todos os médicos podem tornar-se médicos perfeitos ou excelentes cirurgiões, mesmo que todos tenham recebido a mesma formação dos mesmos tutores. A liberdade e a democracia devem significar a disponibilidade de oportunidades de progressão na carreira e a progressão baseada na seleção deve gerar concorrência. A distribuição gratuita de dinheiro, alimentos e medicamentos é uma atividade humana numa crise de sobrevivência, mas não para obter ganhos políticos. John F. Kennedy disse com razão: "Podemos levar-vos à pesca, mas não podemos dar-vos o peixe". Na Índia e em muitos outros países onde a principal motivação dos partidos políticos é a obtenção de votos para se manterem no poder, a distribuição gratuita de todos os géneros alimentícios possíveis paralisará (? já paralisou) o respeito próprio, a disciplina e a cultura do trabalho em muitos homens. Já estamos a ver as repercussões: mais de 80% das pessoas instruídas ou analfabetas tornaram-se, nos últimos 25 anos, terrivelmente oportunistas e estreitamente egoístas. "Que se lixem as normas e a ética, para quê?", dizem abertamente. Só o dinheiro funciona! A Índia tem todas as características de uma nação perfeitamente corrupta. Não existe uma norma democrática para preferir uma pessoa corrupta e desonesta ou uma incidência. No entanto, os juristas dizem que é muitas vezes difícil provar quem é honesto e quem é desonesto e que as lacunas deliberadas e bem planeadas da nossa rede jurídica também podem encorajar a corrupção. Até mesmo as classes ricas, saudáveis, altamente intelectuais e poderosas estão a tornar-se egoístas. A grande maioria precisa de ganhar dinheiro e mais dinheiro para qualquer ato ou ação. Outro conceito de "gestão empresarial - penetração" tornou-se fatal para a educação. Os professores altamente qualificados e os académicos eminentes e reconhecidos deixaram de ser necessários para lecionar cursos, uma vez que precisariam de mais dinheiro do que as aulas pagas por dia. Os professores não são contratados numa base regular; são contratados como "professores visitantes" pela módica quantia de 300 rupias por curso. Um doutorando não ganha mais de seis ou sete mil rupias por mês, e apenas durante seis meses do ano, porque lhe é oferecido o emprego em setembro e o programa de ensino termina em fevereiro. O conceito de gestão empresarial que perpassa nas mentes poderosas dos políticos e dos planeadores dita que não vale a pena gastar dinheiro em professores de qualidade quando as restantes formalidades do ensino podem ser resolvidas com pagamentos mais baixos. As universidades e os estabelecimentos de ensino superior não precisam de professores altamente qualificados, experientes e talentosos que se dediquem à investigação; não precisam de laboratórios cada vez mais eficientes e o conceito prevalecente há quase um quarto de século é: para quê gastar dinheiro em equipamento científico? Os laboratórios de ciências quase nunca realizam experiências práticas nas escolas; a grande invenção do CD e do computador liberta oxigénio, realiza a fotossíntese e até divide cromossomas com um clique no rato, o que pode ser feito até por um simples empregado ou assistente. Manter os jovens professores famintos e desnorteados à procura de pão e manteiga para facilitar a poupança, mantendo a confusão, o desrespeito e o ódio como água perene. Nenhuma nação deveria permitir-se um tal quadro de regras indignas.

É tempo de, sem mais demoras, todos os partidos políticos do mundo inteiro se aperceberem de que a supremacia da nação é muito superior à existência de um partido político e aos interesses económicos que lhe estão associados. Na Índia, os partidos políticos têm estado, em geral, mais preocupados com o progresso global dos seus "próprios homens, kiths e parentes" do que com a melhoria social das massas comuns. Na Índia, a imposição do estado de emergência destinava-se a proteger a soberania do sistema político dominante, mas, de alguma forma, conduziu ao preconceito e à má gestão. Depois, houve a imposição de uma política de reservas que reforçou a desconfiança, distorcendo todo o aspeto de muitas acções nobres, transformando-as numa política de reservas discriminatória e não numa política facilitadora. Por um lado, a nossa Constituição impõe a sagrada confiança humana na igualdade e não permite qualquer tipo de favorecimento em termos de casta, credo, sexo ou religião, mas, por outro lado, foram aprovados actos discriminatórios exclusivos e regulamentos tendenciosos (?). Mesmo as chamadas comunidades atrasadas, ricas e bem colocadas, representadas entre os funcionários públicos, os políticos e os homens de negócios, obtêm o máximo de benefícios ignorando os seus próprios familiares e parentes pobres. Os verdadeiros atrasados e pobres raramente beneficiam da ação política e social. O processo de funcionamento de todos os sistemas políticos foi arrastado indesejavelmente para as águas da corrupção, atingindo um ponto de não retorno. Atrevo-me a dizer que nem mesmo o lendário deus "Indra ataca Bajjra" consegue erradicar a corrupção da mente da maioria dos políticos.

O desempenho global da Grande Índia nas últimas três décadas demonstrou indiscutivelmente que a Índia NÃO é uma nação pobre; vejam-se os gigantescos registos de corrupção dos "escândalos nacionais". Estão ainda a vir à luz numerosos escândalos que ultrapassarão estes recordes; as suas implicações monetárias são tão grandes que alimentariam todos os indianos durante um ano. Assim, o cidadão comum na Índia é demasiado pobre e continuará a sê-lo. A nação gastou triliões de rupias e um tempo muito sensível e precioso para politizar desastrosamente tudo, até a educação. Tenho pensado muitas vezes que, para matar uma nação e mantê-la escravizada, os governantes têm de matar a educação. Foi o que aconteceu quando Hitler tomou conta da Polónia durante a Segunda Guerra Mundial. As tropas que entraram em Cracóvia, a antiga capital da Polónia, receberam ordens para prender todos os professores universitários e advogados. Os médicos foram enviados para campos de concentração. Académicos eminentes foram torturados e até fuzilados. A educação e os educadores esclarecidos não são tolerados por governantes ditatoriais. Isto foi conseguido e é praticado em muitas nações em desenvolvimento e desenvolvidas. Há quase cinco décadas que tomo notas sobre estes pontos, numa tentativa de compreender a ética do nacionalismo e da educação. Aqui ficam algumas reflexões pessoais, sem qualquer preconceito, com um resumo conclusivo sobre o facto de a governação política necessitar de uma democracia nacional para começar na Índia e para ser seguida em todas as repúblicas do mundo!

**(i) . Porque é que as democracias nacionais são necessárias?**

Há vários anos, quando Shri T. N. Sheshan estava à frente de uma verdadeira reforma das eleições democráticas na Índia, escrevi-lhe uma pequena carta na qual lhe perguntava se era possível esquecer "a filiação partidária uma vez terminadas as eleições". Ele agradeceu-me a carta. A minha intenção era, e é isso que repito, precipitado por esta apresentação, que a política partidária pode durar apenas até à disputa das eleições, mas assim que os representantes tomarem posse, todos os membros da casa formarão uma unidade composta da assembleia estadual e da assembleia nacional, respetivamente. Por outras palavras, a nação e, naturalmente, cada Estado ou província, devem ser governados pela Câmara ou Parlamento e não por um partido político. Um partido é um conjunto de indivíduos coagidos e comprometidos que praticamente sonham com o poder, ao passo que o Parlamento é um órgão estatutário constituído por pessoas eleitas pelas massas da nação. É evidente que a atribuição das pastas ministeriais não representa apenas a filiação partidária do seu titular. A eleição dos presidentes e as respectivas nomeações ministeriais devem ser efectuadas no seio das respectivas câmaras e não deve ser exercida ou defendida qualquer ligação simbólica a qualquer rótulo partidário. Os ministros são eleitos no seio da Assembleia. A lealdade de cada eleito centrar-se-á, em primeiro lugar, nas necessidades nacionais e sociais, enquanto os problemas locais terão de ser resolvidos por iniciativa do representante específico no seio da câmara. Formulei uma série de pontos importantes, a fim de criar o nobre sentimento de servir os problemas nacionais e de cuidar dos problemas específicos e locais, sem alterar muito os direitos fundamentais de cada cidadão. Em caso algum se realizarão eleições gerais durante mais quatro ou cinco anos, dependendo da decisão da maioria da Assembleia.

**(ii) A. Dez mandamentos para a democracia**

Os deputados eleitos prestarão juramento enquanto membros da Assembleia e, por conseguinte, serão leais e estarão total e definitivamente comprometidos com a soberania da nação. Com exceção da supressão do nome do partido político, todas as regras básicas, leis, regulamentos e ditames constitucionais terão de ser implementados sem pôr em causa o espírito nacional.

Cada membro, ao prestar juramento, deve declarar a sua desfiliação de um partido político e aderir ao partido da governação nacional. O novo órgão, o Conselho Nacional de Governação, será criado para garantir a unidade e a integridade de todos os membros eleitos e nomeados.

O Conselho Nacional de Governadores terá um mandato de cinco anos e serão realizadas eleições intercalares apenas para preencher eventuais vagas.

O Primeiro-Ministro e os Presidentes serão eleitos pela Câmara dos Deputados, por maioria de votos, e cada indivíduo será livre de votar sem qualquer preconceito ou constrangimento de qualquer outra filiação política.

Os ministros, que não representam mais de 20% do número total de membros da Assembleia (número total de membros/sedes), serão escolhidos/eleitos de entre os membros eleitos e as pastas serão atribuídas/distribuídas de acordo com a escolha do Primeiro-Ministro.
O Líder da Oposição será designado por Líder dos Debates e será eleito de entre todos os membros da Assembleia.

Cada membro deve preparar uma proposta e participar nos debates, se for caso disso, com uma justificação completa, seguindo os procedimentos de apresentação e de apresentação atualmente em vigor.

Todos os assuntos podem ser discutidos e, se necessário, votados, mas não se colocará a questão da queda do governo; a proposta será rejeitada, o que não desonrará ninguém, mas, por outro lado, teremos um plano melhor e melhores ideias a emergir destas discussões.

Todas as leis e regulamentos existentes devem prevalecer com este Parlamento de governação nacional. No termo do mandato do Presidente, o Presidente seguinte será nomeado ou eleito para o mandato em curso por maioria de votos ou por unanimidade da Assembleia.
Em caso de litígio que não possa ser resolvido mesmo após três sessões sérias da Câmara no prazo de quinze dias, a questão será submetida ao Presidente, que a resolverá através da convocação de uma reunião do Conselho Presidencial, que incluirá o Presidente, o Presidente do Supremo Tribunal da Nação, o Primeiro-Ministro, o Líder da Oposição e o Ministro do Interior.

**(ii) B. Mudanças esperadas após a implementação do conceito de governação nacional**

(a avaliar após cinco anos de aplicação)
Os partidos políticos terão de ter membros com base ideológica, e os membros que

"abandonarem o barco" serão automaticamente desencorajados a seu tempo.

A discriminação baseada na casta e na comunidade deve ser eliminada; nenhuma nação precisa de punir eternamente os cidadãos merecedores/qualificados.

Os eleitores escolherão e poderão votar em candidatos merecedores; do mesmo modo, candidatos honestos e instruídos decidirão entrar na política. Esta é a razão mais válida para nos encorajar a adotar o conceito de governação nacional, porque hoje em dia temos de votar no candidato do partido político sem nos preocuparmos com as suas credenciais. Se votarmos apenas com base no mérito, não haverá um governo estável, porque todos os partidos políticos podem ter candidatos terrivelmente corruptos e culpados de alto nível ou bandidos, bem como trabalhadores escrupulosamente honestos e dedicados.

Uma vez empossado como membro eleito da Assembleia, o deputado deve estar completamente desvinculado do seu partido político e deve ser um membro de boa fé da governação nacional. Os ministros e as suas pastas ou missões específicas podem obviamente depender mais dos seus antecedentes.

Os criminosos comprovados ou os altamente qualificados do ponto de vista jurídico serão gradualmente eliminados da cena política, e os novos criminosos serão punidos com uma aplicação mais rigorosa da lei.

Demasiadas eleições e demasiada agitação política estreita tornaram a maioria das democracias luxuosamente caras. Milhões e milhões de moedas nacionais são desperdiçados todos os anos em nome da democracia. Nenhuma democracia deveria ter tantas eleições; por exemplo, na Índia temos eleições como batimentos cardíacos.

A educação, a saúde e a defesa são os três elementos mais vitais e sensíveis da integridade nacional; em circunstância alguma deve uma nação permitir uma deterioração da qualidade ou da quantidade. A reforma da educação não é uma questão política; é um direito fundamental a todos os níveis da vida.

A obtenção de um diploma é facilitada por correspondência e outros meios menos onerosos, de modo que a educação sancionada por um diploma não pode justificar o mérito; a obtenção de notas em vários exames tornou-se demasiado mecânica. A atual configuração das reformas educativas levou-nos para além do conhecimento e da verdadeira cidadania. O pessoal altamente qualificado falhou miseravelmente no planeamento e na execução das tarefas que lhe competem. O ensino universitário deve voltar ao seu funcionamento original, autónomo e sem envolvimento político. Funcionários de escritório de vários graus e pseudo-cientistas como professores controlam o destino da educação. Esta questão tem de ser colocada na agenda nacional.

Os bandhs (encerramentos em massa - greves totais) devem ser proibidos. Os transportes e as instalações médicas não devem ser encerrados. As manifestações e a liberdade de expressão podem continuar.

Os peritos de alto nível podem enumerar os pontos positivos e negativos.

### (iii)  . A. Antecedentes da alteração

O mundo inteiro precisa de repensar a sobrevivência da raça humana. Não precisamos de entrar em guerra para nos apoderarmos do território, mas a ganância humana não tem limites. Criámos nobremente várias agências internacionais de guarda-costas para nos vigiarem, fornecerem controlos e serviços de segurança.

Há obstáculos para evitar lutas mas, na maior parte das vezes, quem é que se importa? Em todo o lado, e especialmente na Índia, todos os principais partidos políticos tiveram a oportunidade de governar e administrar, pelo menos a nível estatal (também chamado provincial), nos últimos 60 anos ou mais. Em todo o lado, mesmo nos países africanos e russos, houve progressos notáveis em todos os sectores, e a situação é muito diferente da que existia em 1950, depois da Segunda Guerra Mundial. Os seres humanos emergiram politicamente como uma única raça humana, com sentimentos humanos e regras, regulamentos, leis e estatutos que demonstraram a sua universalidade. A maior conquista cumulativa da raça humana é o facto de uma criança ser uma criança em qualquer parte do mundo; a educação, a água e a saúde são problemas universais que mais preocupam os países em desenvolvimento. Demasiadas lutas constantes na história da humanidade conduziram à guerra, e a raça humana testemunhou as piores torturas possíveis e os crimes mais hediondos em todo o mundo. Passámos por todo o tipo de experiências e assistimos a grandes catástrofes humanas. Hoje, pelo menos, todo o nosso progresso científico deve ser desviado para tornar a vida mais habitável. Infelizmente, continuamos no mesmo caminho de destruição. Temos de acordar; não há necessidade de repetir os perigos que inventámos, Deus nos livre!

Na Índia antiga, como a história revela, havia regras de democracia e ditaduras brutais, mas nessa altura as nações estavam confinadas a territórios onde ganhavam guerras. Mesmo no mundo moderno, muitas nações nasceram em guerras mundiais e muitas foram abolidas. Também neste século, muitos pequenos sindicatos estão a lutar pela liberdade. Para além de todas estas actividades, o facto mais marcante é que uma nação, grande ou pequena, tem de ser governada por um grupo de pessoas e que tem de haver um governo para governar e regular a lei e a ordem e para prestar serviços básicos à população. Depois de muitos séculos de ditaduras, monarquias e administrações baseadas no poder, a raça humana desenvolveu a "democracia" (administração baseada numa organização governamental do povo, para o povo e pelo povo), que foi implementada num grande número de países e está em vias de ser implementada em muitos outros países que se preparam atualmente para se tornarem "nações independentes". Mas, indiscutivelmente, o ser humano, devido às suas fraquezas evolutivas, não deixa pedra sobre pedra para demolir o conceito escrupulosamente honesto de democracia. A democracia não é uma brincadeira! A democracia destina-se àqueles que merecem intrinsecamente essa delicadeza, essa submissão humilde e essa ação severa tão forte como uma montanha inabalável. A democracia não significa nove mãos doentes que levantam a voz para eliminar um gigante saudável a fim de sentar um tolo no trono (?). A Índia viveu como uma Índia política e estamos agora no processo de moldar a Índia como uma nação. A Índia deve viver como uma nação em todos os seus actos. Mas os motivos da governação de todas as nações mudaram muito rapidamente porque a ganância sempre crescente de homens e mulheres poderosos não tem limites. A governação política na Índia não tem sido uma democracia perfeita porque as práticas desonestas e corruptas não foram punidas a tempo. Em consequência, os "males que se reproduzem fiel e honestamente" geraram uma enorme desconfiança em todos os sectores e as pessoas, ideias e acções honestas raramente são aceites pelo seu valor facial. O carácter indiano da honestidade escrupulosa, da bravura e da verdade parece ter sido quase esquecido. Ouvi uma canção infantil tocada nas cerimónias anuais de todas as instituições em quase todas as partes da Índia (que) "desde o topo das montanhas de Caxemira até ao fundo do Oceano Índico em Kanyakumari, a Índia é uma só". Sim, a Índia é uma só, mas porquê transferir o pensamento como uma peça de teatro e depois esquecê-lo na prática? Tornou-se um ritual, enquanto a Índia dividida é visível em todas as salas de aula, em todos os sectores do pensamento e da ação. As preferências são dadas à casta, ao credo, ao género, à religião e, recentemente, até aos partidos políticos. Entrámos num campo de jogo diferente e estamos deliberadamente a desperdiçar tempo, dinheiro, talento, moral e religião. Continuamos a segurar os lápis da era da guerra no mapa da Índia e a traçar linhas nele com base no mal mais sujo de todos os tempos, a discriminação, que semeia, alimenta e colhe o ódio e apenas o ódio; estas linhas de divisão são as mais profundas de sempre, mais vulcânicas do que qualquer vulcão. A lava dos vulcões geológicos arrefece com o tempo, o ódio humano permeia as civilizações ao longo de gerações; nós, indianos, somos um dos raros exemplos de civilização humana que ainda sofre de discriminação baseada na casta e no credo, que são todas marcas da escravatura.

Nos últimos trinta anos, os nossos políticos falharam miseravelmente em criar uma verdadeira unidade entre os indianos para fazer da Índia uma nação. Pelo contrário, cada um deles, montado numa sela alta, dividiu e voltou a dividir, de modo que o indiano, enquanto cidadão, nunca está unido nas suas ideias e sentimentos. Um indiano tem de permanecer dividido, confuso, esfomeado, humilhado e escravizado, para que as tácticas desonestas de ganhar dinheiro por todos os meios humanamente possíveis não parem para eles e para os seus futuros apoiantes na política. Atrevo-me a dizer que os indianos são, em média, os melhores cérebros do mundo, pelo que muitos políticos no poder nunca gostariam de abdicar de um ambiente agradável. O conceito de liberdade não lhes ocorre na prática. Por conseguinte, é óbvio que chegou a altura de os políticos sensatos pensarem em abolir a discriminação social e oferecerem o seu apoio a nacionalistas honestos e fiéis. Não há necessidade de pôr em causa o mérito e o merecimento dos cidadãos com base em práticas discriminatórias.

### (iii) B. Os planos envoltos em inveja e ódio libertam o mais mortífero dos venenos

A inveja, o ódio e a cobiça são as vestes mais feias que a mente humana criou para si própria. Combinando a filosofia e a ciência, podemos dizer que são inerentes à mente humana, como dotações dos aspectos evolutivos do comportamento animal. Aprendemos, inconsciente ou conscientemente, todos os aspectos do nosso comportamento com os animais; tornamo-nos animados a toda a hora. Os gabinetes, os parlamentos ou os órgãos estatutários modernos têm de garantir que não haja ditos que possam reforçar a captura dos direitos genuínos e dos sentimentos humanos dos outros. Afinal de contas, somos todos seres humanos e nenhum de nós no planeta pode levar connosco uma única moeda da imensa riqueza que pilhámos quando finalmente partirmos!

### (iii) C. O mundo está a tornar-se cada vez mais perverso?

Sim, a primeira resposta é sim, com uma pausa, porque "o mundo é um mundo de cão" - os romanos exprimiam-no como "homo homini lupus" (o homem é um lobo para o homem), uma famosa frase conhecida dos romanos há séculos. É bem possível que, para atenuar as consequências, o mito tenha sido esculpido com uma loba amamentada pelos gémeos Rómulo e Remo, que fundaram Roma. Conta-se que os gémeos fundadores teriam morrido junto ao rio Tibre se a loba não os tivesse amamentado. A mensagem clara é que, embora o homem seja o seu maior inimigo (ele próprio), há certos milagres naturais que salvam a humanidade com a ajuda de animais. A estátua de bronze conservada num museu de Roma é testemunha desse milagre há vários séculos. A loba representa uma "mãe", uma salvadora. Também na natureza, naturalistas e fotógrafos com uma consciência muito nobre tiraram dezenas de fotografias nas suas câmaras em que pequenos animais feridos foram por vezes salvos por animais poderosos que, em circunstâncias normais, teriam devorado luxuosamente estas pequenas criaturas muitas vezes durante a sua refeição. Todas as formas de vida demonstram agrupamento, raiva, desejo, amor, ódio, ciúme, mas também bondade. O comportamento depende das interacções entre o ambiente interno e externo. Como animais altamente evoluídos, temos muitos instintos de controlo; a mente humana tem enormes capacidades que ainda não foram descobertas, nem mesmo pelos humanos.

Só nós sabemos que temos de morrer, mas esquecemo-nos?

### (iii) D. A reforma social é um processo contínuo: as democracias nacionais são necessárias em todo o mundo?

A forma como a "democracia" mudou no mundo em geral e na democracia indiana em particular mostra que o mundo já não se preocupa com a sobrevivência da raça humana em geral. Para viver mais e mais luxuosamente, é preciso matar o domínio da liberdade, da honestidade e das virtudes humanas dos outros. As pessoas não vivem as suas vidas, "gerem-nas". O infeliz "conceito de gestão empresarial" transformou o modo de governação em todo o mundo, que está a ser definido como a política da época. "Explorar e governar, destruir o passado, lucrar com o presente a todo o custo" tornou-se a regra em quase todo o mundo. Os pensadores, poetas, cientistas e filósofos com inteligência original já quase não são necessários; as fotocopiadoras e os pseudo-nacionalistas reproduzem-se como bactérias e fungos. No entanto, a Terra não se desviará da sua órbita. Em todas as partes do mundo houve revolucionários que recordaram, contestaram e rejuvenesceram o humanismo profundo em todas as raças e em todas as épocas. Precisaremos deles uma e outra vez, ainda hoje.

### (iii) E. Por que razão é necessária esta alteração?

Em todo o lado, e especialmente na Índia, todos os principais partidos políticos tiveram a oportunidade de governar e administrar, pelo menos a nível estatal (também chamado provincial), nos últimos 60 anos ou mais. Em toda a parte, mesmo nos países africanos e russos, houve progressos notáveis em todos os sectores e a situação é radicalmente diferente da que existia após a Segunda Guerra Mundial e, mais particularmente, após a década de 1950. Demasiadas lutas incessantes na história da humanidade conduziram a guerras e a raça humana assistiu às piores torturas e crimes hediondos em todo o mundo. Estes são tempos muito difíceis e todos os nossos avanços científicos têm de ser desviados de alguma forma para tornar a vida mais habitável. Os seres humanos emergiram politicamente como uma única raça humana, com sentimentos humanos e regras, regulamentos, leis e estatutos que demonstraram uma certa universalidade. A maior conquista cumulativa da raça humana é o facto de uma criança ser uma criança em qualquer parte do mundo; a educação, a água e a saúde são preocupações universais que colocam problemas administrativos. A educação, a água e a saúde são preocupações universais que colocam problemas administrativos. Mas a ganância política aumentou ainda mais e a maioria das nações vive com dois pesos e duas medidas. Com toda a honestidade, continuamos no mesmo caminho de destruição. Não há necessidade de nos repetirmos, mas Deus nos livre!

A maior ameaça que os partidos políticos de todo o mundo têm ditado é a definição errada de progresso. O objetivo de todas as nações é explorar tudo, qualquer coisa, a qualquer momento, por qualquer meio, para se tornarem mais ricas, mais ricas em recursos e mais poderosas fisicamente. Estas actividades nacionais, supervisionadas pela administração governamental durante 50 anos, motivaram as massas do mundo a recorrer à inveja e ao favoritismo sempre que possível, sob qualquer ameaça ou a qualquer preço. A inveja é um erro "inato", inerente à evolução da humanidade. A grande maioria das pessoas em todo o lado, em todas as nações, vive de ideias, pensamentos e acções políticas. A política (que muitas vezes significa criar e trabalhar com diferenças) parece ter-se tornado o modo de vida de 50 a 75% das pessoas em todas as nações. Originalmente, pessoas nobres com extrema honestidade, humildade perfeita e nacionalismo sincero não podem sobreviver com dignidade e respeito em muitas nações. Isto é mais ou menos verdade também para a Índia, que era suposto ser uma nação de amor e verdade (?). A história de uma série de traições e de listas de milhares de batalhas planeadas com astúcia com a ajuda de cobardes internos ao longo de vários séculos não apoia a teoria. Na minha opinião, até o Senhor Rama foi vítima de ciúmes. Do mesmo modo, ainda hoje, pessoas invejosas e vítimas de favoritismo assassinam abertamente membros da nobreza e nós continuamos a procurar as chamadas "provas".

O mundo inteiro assistiu, em todos os capítulos da história passada, à vitória da verdade após uma longa luta, à custa de muitas perdas infelizes. Mas, na prática, a verdade nunca existiu para reinar e nunca existirá para dominar, porque o homem não é movido pela verdade, mas pelo mal. O mundo moderno, em particular nos últimos cinco ou seis séculos, foi moldado por diferentes tipos de motivos, nomeadamente as guerras e a sede de poder. E as agendas nacionais, universalmente aceites e inalteráveis, foram moldadas para dizer: "Lutar, explorar e lucrar". A inveja é a arma mais antiga do homem e os governantes ou reis transformaram-se em políticos sob a falsa capa da democracia. Enquanto a política aparecia como uma estratégia para envolver o cidadão comum, o político aparecia como um homem contraditório, tanto mais que as democracias malévolas optaram por uma burocracia companheira da escravatura. A lei e a ordem foram concebidas para manter a justiça, mas a desonestidade e o favoritismo deram origem à inveja e ao ódio entre as massas. O ódio é um fogo que não cozinha alimentos, mas queima impérios. Todas as nações o praticam, mas tendem a falar de "democracia".

A inveja, e não a nobreza, gera a verdade! Porque não acreditar agora na fraternidade internacional?

## VIII.  OS MESMOS GENES ESTÃO DISPERSOS POR TODAS AS FORMAS DE VIDA: NÃO PODEM SER PATENTEADOS

Os genes são clonados e patenteados, o que equivale a direitos de autor sobre os genes humanos, as suas formas e funções. Muitos cromossomas contêm vários loci patenteados e, nos próximos dez anos, mais ou menos, cromossomas inteiros serão patenteados. O argumento que se segue é que os genes "clonados" e patenteados não são exclusivamente humanos; cópias exactas destes genes (sequências de ADN) estão também presentes noutros organismos. Foi demonstrado que os cromossomas X e Y humanos, bem como outros cromossomas, evoluíram através da partilha e transferência de sequências de ADN em diferentes fases da evolução de diversos grupos de organismos. Uma patente sobre um gene não pode ser equivalente a uma patente sobre esse mesmo gene noutros organismos, o que exige um exame cuidadoso. Além disso, o gene patenteado é uma cópia química do gene original presente num cromossoma. Como é que uma cópia do gene (feita pelo homem) em laboratório pode levar à patenteação de um gene original presente num cromossoma? Isto pode constituir uma violação dos valores jurídicos, científicos e éticos. Tecnicamente, os genes conservados em tubos de ensaio não podem ser patenteados como genes/domínios cromossómicos in situ, porque não são exatamente os mesmos.

Biólogos, especialistas em ética e juízes precisam de formar uma plataforma comum para discutir a rápida onda de patentes sobre genes humanos, uma vez que o Instituto de Patentes e Marcas dos EUA emitiu patentes a empresas, universidades, agências governamentais e grupos sem fins lucrativos para quase 20% do genoma humano [ 1 ]. Cerca de 50% dos genes do cancro foram patenteados e, para sublinhar a questão, quase 15% dos genes armazenados na base de dados do National Center for Biotechnology Information estão protegidos por pelo menos uma patente. Hoje, perguntamo-nos "como podem patentear os meus genes?" e, dentro de dez anos, serão patenteados cromossomas inteiros e, depois, a espécie humana enquanto organismo.

Tudo o que acontece neste tipo de corrida científica e tecnológica torna-se gradualmente contrário à ética científica. As descobertas não podem ser patenteadas, mas as invenções (feitas pelo homem) podem. Em 2005, comemorou-se o 25º aniversário da decisão judicial histórica que abriu caminho à patenteabilidade do ADN e até de organismos inteiros. Nalguns países, como os Estados Unidos, as questões éticas em torno do registo de patentes de formas de vida não foram levadas a sério, mas deram origem a sérias preocupações em muitos países. Afinal, como se pode patentear um gene de um cromossoma que não foi criado pelo homem? Um gene clonado é uma "fotocópia química" ou cópia pirata do gene original. Assim, um gene num tubo de ensaio pode ser patenteado, mas o direito de "possuir o gene na sua forma e função" do gene original no interior da célula, devido à patente, seria uma pretensão totalmente inqualificável ou uma interpretação grosseira das descobertas científicas.

O conceito de patente pode ser aplicado a um produto vegetal ou animal cuja venda ou lucro seja de interesse público e o produto a comercializar exija um enorme investimento monetário por parte do inventor ou de qualquer unidade de fabrico. O produto deve ser utilizado por pessoas e, para evitar a duplicação não autorizada, o registo de patentes de produtos está sujeito a restrições aceitáveis. Neste processo, o inventor ou um grupo de investigadores são também os beneficiários dos benefícios. Por outras palavras, os benefícios monetários podem ser divididos entre vários proprietários ou partilhados pelo titular da patente. Do mesmo modo, o registo de patentes de produtos genéticos também parece justificado, uma vez que apenas produtos úteis, enzimas, fármacos e muitos medicamentos que salvam vidas podem ser produzidos e vendidos no mercado mundial por empresas autorizadas. Foi argumentado que, a menos que haja uma ou mais patentes a seu favor, a criação de uma grande unidade de produção envolveria despesas e riscos consideráveis, uma vez que outros copiariam rapidamente o produto, privando o inventor e os beneficiários conexos de lucros significativos.

São apresentados argumentos a favor e contra o conceito de patentes, mas a maior preocupação que todos os seres humanos enfrentam a nível mundial é que estamos a levar estas abordagens demasiado longe. Neste contexto, os tribunais americanos afirmaram que "tudo o que é feito pelo homem pode ser patenteado", mas começámos a interpretar ou a reivindicar a "patenteabilidade dos genes nos cromossomas". Além disso, aqueles que obtiveram patentes podem alegar que o gene candidato no cromossoma (locus do gene) também foi patenteado. Esta situação é lamentável para todos os seres humanos. Por exemplo, um gene que produz a proteína que o vírus da hepatite A utiliza para se ligar às células foi patenteado pelo Ministério da Saúde dos Estados Unidos; do mesmo modo, um gene que desempenha um papel fundamental no desenvolvimento da espinal medula é propriedade do grupo da Universidade de Harvard.

O objetivo da decisão do tribunal (despacho) era realçar o engenho da mente humana, mas não reivindicar direitos de cópia sobre as várias partes e funções do corpo humano. O argumento mais importante é que os genes no tubo de ensaio (sequências químicas clonadas) não são exatamente os mesmos que os patenteados. Os genes clonados não estão exatamente presentes num cromossoma. Além disso, o "ambiente genético" de um cromossoma é diferente da cópia do gene patenteado. Trata-se de um erro jurídico grave! A questão de saber como é que um gene que foi clonado e patenteado em laboratório pode ter o direito de copiar o gene original num cromossoma deve ser considerada e debatida, não com base em valores éticos, mas em bases jurídicas muito sólidas. Para além disso, consideramos a seguir que um gene clonado (sequência específica de ADN) do genoma humano está também presente em vários outros organismos aparentados e muito mais distintos, o que conduz a infinitas complicações de natureza biológica. Pensa-se que um grande número de sequências de ADN tenha sido conservado em vários filos animais divergentes, sendo que muitos destes genes mantêm a mesma função nos seres humanos. Há também um grande número de sequências de ADN que se sabe serem estritamente homólogas, mas que têm funções completamente diferentes. Em Drosophila melanogaster, por exemplo, sabe-se que as mutações patched causam defeitos nas veias das asas, enquanto a versão humana do gene PTC causa defeitos nas costelas e cancro da pele. Este gene está mapeado no braço longo do cromossoma humano 9, muito próximo do local onde estudos de ligação genética mostraram que o gene da síndrome do nevo de células basais está presente.

Outro exemplo em que um gene normal da mosca da fruta provoca cancro noutros organismos é o gene wntl, que na mosca da fruta funciona como um gene sem asas, mas que provoca um tumor mamário nos humanos quando se torna demasiado ativo. Do mesmo modo, o gene humano GLI, descoberto como um oncogene num tumor cerebral humano raro, é agora conhecido como o homólogo do gene Cubitus interruptus da mosca. Recentemente, tornou-se claro que os seres humanos, outros mamíferos e outros organismos têm as suas próprias versões de genes encontrados em muitos organismos. Por exemplo, os homólogos vertebrados de hh e ptc foram identificados em ratos, galinhas e peixes-zebra. Nos humanos, estes genes desempenham um papel importante na organização de muitos tecidos, incluindo o tubo neural, o esqueleto, os membros, as estruturas craniofaciais e a pele. Existem fortes indícios de que é possível encontrar sequências conservadas em filos diversos e aparentemente não relacionados, mas que as funções desempenhadas nesse organismo pelo mesmo gene não são necessariamente as mesmas.

Recentemente, os nossos resultados sobre as sequências de ADN genómico de um taxon de plantas vasculares inferiores, Isoetes pantii, comparados com ADN genómico humano da base de dados pública NCBI Blast Gene Bank, abriram uma nova linha de pensamento. O ponto mais notável do argumento é que uma sequência de ADN/segmento de gene pode ser encontrada, embora muito raramente, numa espécie totalmente não relacionada, sem qualquer significado evolutivo. O argumento mais importante é que uma sequência de ADN de um gene pode, muito raramente, ser encontrada numa espécie totalmente não relacionada, sem qualquer significado evolutivo. É inquestionavelmente um verdadeiro legado da evolução, sem qualquer obrigação de linhagem ou relação. É de salientar aqui que uma maior percentagem de concordância nas sequências de ADN de alguns genes em certas plantas e animais, incluindo o Homem, pode explicar a persistência geológica de certos segmentos/versões de ADN de genes (? preservados durante milhares de milhões de anos, provavelmente devido a uma distribuição aleatória). Estas sequências de ADN devem ter sido integradas em pools de subgénios muito antes da divergência entre plantas e animais (entre os períodos pré-cambriano e cambriano, há 500 a 600 mil milhões de anos).

Os genomas são evolutivamente elásticos e percorreram filogeneticamente milhões de anos e espalharam-se pelos diversos organismos do mundo em todos os momentos desde o aparecimento da vida na Terra. Por conseguinte, é certo que um gene presente num organismo num domínio cromossómico pode estar presente para uma função diferente ou semelhante num domínio diferente noutro organismo, não sendo, portanto, de modo algum um "residente de boa-fé" exclusivo desse organismo.

Para sermos mais precisos e pragmáticos, mesmo um ou mais cromossomas humanos, por exemplo o cromossoma Y, foram formados no decurso da evolução a partir de pequenos pedaços de várias sequências e reunidos num único cromossoma unitário que representa, segundo David Page e os seus colegas, um mosaico de sequências de ADN que mostram homologia com muitos organismos. Isto também implica, como as técnicas modernas de biologia molecular demonstram muito explicitamente, que um gene funciona de uma determinada forma num organismo e tem uma função diferente noutro, com diferenças de posição nos diferentes cromossomas. Do mesmo modo, um único gene pode ter muitas funções, de carácter pleiotrópico. Não há dúvida de que nem um gene nem uma função de um gene podem ser patenteados. Um gene humano não é "exclusivamente humano", mas pertence a muitos organismos. O registo de patentes múltiplas é improvável e pouco científico.

A preocupação é para amanhã; alguém que tenha patenteado, por exemplo, o "gene A" presente na Drosophila ou numa erva aquática, que também está presente no homem e cuja função é produzir uma proteína curativa, reclamaria "direitos de propriedade sobre três produtos diferentes" porque clonou e patenteou uma cópia química "feita pelo homem" do gene presente nos cromossomas de três organismos diferentes. Por conseguinte, os genes clonados patenteados no tubo de ensaio não têm em conta os genes *in situ*. Na prática, nenhum gene, nem a sua função, nem qualquer domínio cromossómico pode ser patenteado; apenas o produto de um gene num ponto de origem e num locus específicos pode e deve ser patenteado, sob reserva de "utilização no interesse público".

**Não me subestime; doei muita cromatina (ADN) ao seu rico genoma.**

# IX. BIOLOGIA DO TERRORISMO

Isto deve-se principalmente à crescente ganância pelo crescimento económico a todo o custo, e esta caraterística geral é o dogma que motiva o progresso moderno. Para ser honesto, só no início é que o progresso económico é favorável aos valores éticos; depois disso, rapidamente se torna uma conjetura livresca; de facto, é demasiado raro o crescimento económico andar de mãos dadas com os valores morais e éticos. Atualmente, a grande maioria das pessoas questiona a viabilidade e a utilidade da ética e da moral.

Tentei investigar estas generalizações de comportamentos humanamente sensíveis e a mudança de atitude global de cidadania, porque o novo formato de sociedade não é aceitável para milhões de cidadãos simples, honestos e humildes que acreditam na fraternidade, no amor a todos os seres humanos e no dever como primeira religião humana: aqueles que acreditam que a segunda religião é uma opção de pensamento e de modo de vida! Contei as batidas do coração de pessoas de todo o mundo enquanto falava e discutia assuntos muito sensíveis, ingénuos e exclusivamente pessoais. Ao fazê-lo, ou melhor, ao tentar expor as verdadeiras personalidades de algumas pessoas interessantes (com quem tive a oportunidade de falar), tive de falar e fingir ser ligeiramente indecente por vezes, o que para algumas pessoas se tornou motivo de agitação, enquanto os de mente estável sempre quiseram ajudar-me e ignoraram ou corrigiram a minha abordagem. As pessoas que fazem barulho são das mais instáveis, fingem ser pessoas muito directas, mas na realidade são demasiado espertas e oportunistas. Só se deve confiar neles com o benefício da dúvida e afastar-se deles o mais rapidamente possível.

Há ocasiões em que o silêncio, ou por vezes a indecência, se torna sabedoria (...) A investigação sobre o comportamento humano é como domar um macaco; no fim, falhamos!
Noutro lugar, apresentarei uma repartição provisória das pessoas pertencentes a diferentes categorias teóricas, mas aqui dou prioridade a uma outra categoria de perturbação do comportamento humano, o "terrorismo".

A exibição do ódio sob a forma de terrorismo é a última edição da asfixia dos valores, dos sentimentos e das ambições humanas. Técnicas variáveis de gerar terror desafiam continuamente as nossas conservações dependentes do progresso tecnológico. E a verdade amarga é que nunca poderemos alcançar uma sociedade perfeita, limpa e honesta. Não porque uma tal sociedade nunca tenha existido em lado nenhum, mas porque, biologicamente, é improvável, impossível e definitivamente imaginável. Os perversos sempre nasceram, foram socialmente transformados/fabricados, alimentados e "domesticados" pelo poder em todos os períodos da história passada do surgimento das civilizações humanas.

## O que é o terror?

Os indianos têm conhecimento do terrorismo desde os primeiros tempos dos escritos mitológicos hindus. Os demónios costumavam vir, rejeitar as pessoas amantes de Deus, perturbar as suas reclusões religiosas e desmantelar Yagyas e oferendas religiosas. As pessoas também enfrentavam o terror dos seus cruéis governantes, reis ou chefes, que não tinham tempo para pilhagens, assassínios e actos impiedosos.

Qualquer acontecimento imprevisto suscetível de se repetir, que ponha em causa as normas existentes em matéria de vida e propriedade humanas e que suscite nas pessoas um medo profundo e permanente é "terror", e a fé que dele deriva é um ato de terrorismo! Terror significa essencialmente medo enraizado na mente consciente. A palavra "terror" também tem sido usada por uma boa razão. Muitos oficiais disciplinados e duros eram um terror no seu gabinete; conheço muitos directores que eram um terror nos seus respectivos colégios, mas um terror para os mal-intencionados, os estudantes e os gangsters das suas respectivas instituições. Polícias muito bons, rigorosos e cumpridores dos seus deveres serviram de terror para os marginais e de nobres amigos para os cidadãos pobres e normais. Hoje em dia, porém, o terror significa simplesmente actos desumanos destinados a gerar um medo sem fim entre as massas e, como desafio ao progresso humano, o terror é uma prática lucrativa, o terrorismo um aspeto da frustração na religião e um ato violento para obter ganhos pecuniários.

Pretendo esclarecer todos estes pontos com base nos meus próprios estudos acumulados como produtos do meu principal interesse nos domínios da genética humana, do comportamento humano e dos estudos conexos realizados nos últimos quarenta anos. Em primeiro lugar, concentro-me no impacto das perturbações nos aspectos biológicos do comportamento humano e no desempenho reprodutivo, pela boa razão de que estes são os dois únicos objectivos significativos da nossa existência.

## Stress excessivo

1. Natural: terramotos, inundações, movimentos marítimos, deslizamentos geológicos
2. Política: governar a todo o custo, dividir ou quebrar, nunca permitir a união, unir para lutar e separar para lucrar; a honestidade é deliberadamente punida; pessoas

absolutamente inferiores são promovidas/seleccionadas para superar o mérito real; contabilidade estreita, os ganhos são medidos em termos de dinheiro; conceito de gestão empresarial em todo o lado e para tudo.

3. Social: Sobre os nomes da religião, o nome da língua, o nome do poder, as reivindicações tradicionais, sobre a reivindicação da lei na prática e o privilégio; as leis/regras mudam de tempos a tempos.
4. Indivíduo: Favoritismo, ciúme (que leva à discriminação, implacabilidade) Desequilíbrio genético (esquizofrenia)

Ignorados pelos pais ou comportamento brutal de um dos pais (mãe) por parte dos fora da lei.

Alguns factos podem ser recordados. Os problemas da nossa sociedade são múltiplos e alguns deles tornaram-se sinónimos da região; o que eu conheci foi, ou melhor, foi o "problema do dacoit". A palavra "dacoit" foi ouvida pela primeira vez na rádio All India em 1955 e recordamos *"Daku Mansingh mara gave/"* (o dacoit Man Singh foi morto). [th]Eu era estudante da 10ª classe e o meu pai estava nessa altura colocado em Nowgong (Chhatarpur) como magistrado. Durante a nossa adolescência, deparámo-nos com muitos casos e o drama popularmente representado nos palcos de "Sultana Daku" foi um tema de recreação festiva no Norte da Índia durante várias décadas. Era comum ouvir histórias de terror e de serviços sociais e as pessoas eram rotuladas de "Daku bom" e "Daku mau/cruel" na região de Bundelkhand. Estes são alguns dos exemplos que reforçaram a minha convicção de que uma sociedade sob constante stress deve ter, na maioria dos seus membros, um instinto de insegurança. A insegurança e a suspeita sob stress despertam a glândula pituitária, que segrega mais hormonas do que o necessário. Falamos de coragem, mas assim que vemos uma cobra por perto, os olhos enviam uma mensagem de alarme ao cérebro, que a traduz e, numa fração de segundo, a hipófise entra em ação, temos um aumento involuntário da pressão sanguínea, o medo torna-se operativo e a voz fica trémula.

As respostas fisiológicas humanas são tão interdependentes das respostas neurológicas e tão sensíveis que uma fração de segundo pode mudar toda a personalidade. Na nossa antiga literatura védica indiana, o domínio da raiva, do medo e da ganância é considerado o testemunho de uma alma nobre.

Esta hipótese foi testada com base em dados hospitalares recolhidos nos registos das maternidades, dos centros de saúde primários e dos hospitais da região de Gwalior. As estatísticas de nascimentos de 1950 a 1995 deram resultados muito alarmantes. Além disso, realizámos inquéritos às famílias, principalmente com a ajuda de estudantes de pós-graduação do nosso centro e de muitos outros centros universitários, que ofereceram a sua ajuda neste trabalho aparentemente secreto, mas de resto muito importante. Vale a pena mencionar aqui que estes inquéritos foram comparados com muitos tipos diferentes de amostras populacionais (no contexto biológico, chamamos a uma amostra populacional um grupo reprodutor, que na Índia varia de acordo com o sistema de castas, por vezes também de acordo com a língua; não tribais, tribais, comunidades que vivem a grande altitude, habitantes das zonas costeiras do sul (e também nas carruagens em movimento do Rajastão)). Um projeto muito paciente e personalizado acumulou dados de MP (então com Cgarh), Bihar (antigo), Himachal, Punjab, Srinagar, Andhra Pradesh e algumas amostras esporádicas, que se revelaram informações consolidadas muito autênticas, algumas das quais já foram publicadas em revistas nacionais e internacionais.

**O aumento das complicações comportamentais, das complicações ginecológicas e das malformações é influenciado pela população em geral:**

De um ponto de vista evolutivo, o útero da mulher humana é unicornuado e, de um ponto de vista antropológico/anatómico, está destinado a ter um filho de cada vez. Mas há provas de que a ansiedade excessiva, o excesso de medicação devido a preocupações ou o tratamento hormonal regular para a infertilidade fisiológica podem levar a uma sobre-ovulação e, frequentemente, assiste-se a nascimentos múltiplos. Estas mulheres podem não ter herdado o potencial para gémeos, mas também são propensas a nascimentos defeituosos, ou seja, crianças que nascem com numerosas malformações congénitas. Já referi que o stress social, que conduz à insegurança na vida, e os perigos que ameaçam a vida das crianças são influências externas muito graves para a maioria das pessoas. Poucas pessoas aceitam os desafios da vida. Os corajosos são raros.

Os resultados publicados sobre a geminação na Europa durante e após a Primeira Guerra Mundial e os dados mais abrangentes durante e após a Segunda Guerra Mundial forneceram um apoio muito forte a esta hipótese. O território da Alemanha e da Europa Central revelou taxas máximas de gemelaridade durante a década da guerra, que diminuíram no final dos anos cinquenta. Que grande fenómeno biológico para compensar a perda de vidas humanas! Atualmente, o "terrorismo" assumiu a forma de uma guerra moderna; a maior parte destes homens são personalidades negligenciadas que foram expostas ao favoritismo e ao ódio dos pais e ao nicho ambiental dos que os rodeiam. Uma grande parte deles é a expressão esquizofrénica excessivamente ambiciosa do seu complexo genético comportamental. Um esquizofrénico agressivo nunca pode ser domesticado porque a sua imaginação não tem limites!

**A medicação excessiva é a pseudo-saída para a insegurança**

Uma espécie sujeita a um stress biológico significativo reproduz-se mais rapidamente do que uma espécie sujeita a relutância.

Sabe-se também que a gemelaridade é influenciada pela toxicodependência, pela sobredosagem de contraceptivos orais, pelo excesso de álcool ou por outras dependências. Todos estes factores se enquadram no princípio do controlo fisiológico a três níveis: mínimo, ótimo e máximo. Nem todos os indivíduos reagem exatamente da mesma forma, mesmo os gémeos são como "duas ervilhas numa vagem", pelo que nunca podemos atribuir um único fator causal a um fenómeno biológico.

É uma verdade dogmática que não há nada que possa ser considerado "definitivo" em biologia. Mas tentamos oferecer explicações e, em questões como esta, a recolha de dados populacionais (estudo epidemiológico) e a utilização de comparações estatísticas com muitos estudos relevantes são aplicações muito fiáveis.

Um problema biológico muito lamentável diz respeito às malformações congénitas que estão diretamente ligadas ao consumo excessivo de medicamentos, à toxicodependência e às novas dependências (nem todas as malformações congénitas são hereditárias). O exemplo mais conhecido é o da tragédia da talidomida na Alemanha. Nos anos 40, as mulheres tomavam doses excessivas de comprimidos para dormir, incluindo um composto orgânico chamado talidomida.

Com base em estudos cromossómicos efectuados em células vegetais sob a influência da substância química talidomida, seguidos de estudos epidemiológicos e de observações em culturas de tecidos, os biólogos formularam recomendações destinadas a proibir os medicamentos dependentes da talidomida. Este estudo revelou também, pela primeira vez, que os medicamentos em forma molecular não são retidos pelas barreiras placentárias e podem prejudicar o desenvolvimento do embrião. As mulheres grávidas estão muito expostas a estes riscos!

Tanto do ponto de vista científico como ético, a maternidade é a maior virtude de uma mulher e de uma mãe.

**Falta de sociabilidade**

Realizámos estudos aprofundados sobre gémeos e geminações em diferentes regiões do país (hoje, mais de 14 milhões de nascimentos) entre 1964 e 2004, tendo em conta variáveis ecológicas e padrões de casamento (porque casar no seio da família, como é prática em muitas comunidades na Índia, traz genes comuns aos filhos). Em várias ocasiões, intervim em casamentos entre famílias muçulmanas em Bhopal e tentei convencer ambas as partes dos possíveis perigos das combinações genéticas. Fi-lo porque tinham pedido o meu conselho como cientista, por isso como poderia ser injusto com eles? O dever de um biólogo exige sempre uma discussão sincera com qualquer pessoa, e uma língua gordurosa pode agradar às pessoas mas não servir a ciência.

Estas abordagens honestas só podem assegurar a longevidade de uma sociedade se houver confiança mútua; atualmente, no progresso moderno, deparamo-nos com a maior escassez de confiança mútua.

O grande Shakespeare escreveu "em quem podes confiar neste mundo quando a tua própria mão direita está contra o patrão". Tudo o que conhecemos em todo o lado é a desconfiança porque nos sentimos inseguros. E porquê?

Uma sociedade insegura facilita a expressão da violência, sendo a não-violência a supressão do ego, que ocupa apenas um lugar mínimo numa atmosfera perturbada.

É muito surpreendente constatar que os factores que aumentam a angústia e que podem estar associados à gemelaridade conduzem também a um aumento das taxas de aborto na população humana. Há mais de uma dúzia de factores biológicos e não biológicos na origem dos abortos recorrentes e das interrupções demasiado precoces da gravidez (entre as 4 e as 6 semanas de gestação, antes de a gravidez ser detectada), mas entre os factores ambientais, a agitação social induzida a longo prazo é um dos parâmetros mais conhecidos. As catástrofes naturais e as calamidades têm o seu próprio modo de destruição e a sobrevivência como espécie continua sempre no cenário biológico. O que devemos fazer é enquadrar as nossas reivindicações com um sentido de propósito; os egos devem ser cercados pelo nosso sentido de dever. Cada país nunca conseguirá regressar aos verdadeiros valores humanos da tolerância, da aceitação do conhecimento e da fé mútua no respeito mútuo. É mais impossível do que difícil voltar atrás no tempo se o sistema político continuar a ser deliberadamente responsável por probabilidades desumanas.

## X.  O AQUECIMENTO GLOBAL PODE SER REPARADO ATRAVÉS DA CONSERVAÇÃO DA ÁGUA DOCE: ADIAR OS PRAZERES!

A vida evoluiu na água há centenas de milhões de anos. No nosso corpo, cada célula contém uma média de 80-90% de água. É óbvio que precisamos de água para sobreviver, mas tão desesperadamente que o aumento interminável da população humana e o constante aumento da "ganância económica" levariam a uma convulsão biológica. O homem progrediu, mas para quê? Segundo as estimativas, muitos países poderão ficar sem água potável dentro de cinquenta anos ou mais. A água é a condição primária de tudo o que nos rodeia, o chamado ambiente onde a vida e as formas de vida se podem sustentar; a água sustenta a vida e as formas de vida. Esta é uma verdade científica comprovada. Os antigos evangelhos indianos, escritos há 5000 anos a.C., afirmam categoricamente que o homem e as outras criaturas devem tudo à natureza e que, se não houver cuidado e respeito mútuos, a água, o ar e o solo "vingar-se-ão" e as repercussões serão intoleráveis, desfigurando tudo o que foi alcançado.

O *Rigveda*, em particular (3000 a.C.), considera a água como uma forma de "deus" e obriga todos os religiosos a venerá-la. Em muitas partes do mundo, nomeadamente na Índia, os rios são considerados "sagrados". Com este rótulo, os nossos antepassados obrigaram-nos moralmente a cuidar dos rios. Mas nós somos egoístas, quem é que se importa com a corrida moderna ao progresso?

O ambiente, no seu sentido mais lato, é "tudo o que nos rodeia na terra, na água e no espaço". Na prática, porém, quando falamos de ambiente, referimo-nos às condições gerais dos factores externos e internos que influenciam a vida de todas as plantas e animais vivos, incluindo os seres humanos. Para compreender o impacto complexo da rede ambiental, podemos simplesmente classificá-la em dois modos de funcionamento: o ambiente externo e o ambiente interno. O ambiente externo compreende principalmente os factores que nos rodeiam e que são de natureza física; por exemplo, o solo, a água, o ar, a temperatura, etc. Os factores do ambiente interno incluem todos os indivíduos vivos, as espécies e a sua luta biológica. Para sermos mais claros, o primeiro tipo é designado por ambiente físico e o segundo por ambiente biológico. No entanto, é importante compreender que estas são apenas designações temporárias, porque quando analisamos em pormenor, vemos que o ambiente não pode ser classificado de acordo com uma única abordagem, porque há sempre uma interação entre muitos factores. Por exemplo, quando consideramos o "AR" como um fator físico, encontramos também um grande número de microrganismos no ar que fazem com que o "ar" seja bom ou mau; mas quando consideramos apenas os constituintes do ar na forma gasosa (como a proporção de azoto, dióxido de carbono e dióxido de enxofre), o ar torna-se apenas um fator físico. O mesmo se aplica à água e ao solo. É evidente que o ambiente está a tornar-se uma rede de problemas interdependentes ligados à vida de todos os tipos de organismos. É por isso que o ambiente, ou melhor, os factores ambientais (ar, água, solo, etc.), nunca podem ser separados das actividades de todos os organismos. O ambiente também pode ser considerado ativo de várias outras formas. Existem outras facetas do ambiente que se tornam globalmente importantes devido ao impacto universal da temperatura, da humidade, etc., por um lado, e à composição da biodiversidade (flora e fauna), por outro. O ponto principal do despertar ambiental dos últimos 50 anos é que todas as formas de vida necessitarão sempre de ecossistemas equilibrados para sobreviverem de forma equilibrada!

**Aviso prévio!**

O homem, que tem tentado conquistar a natureza em grande medida ao longo dos últimos dez milénios e, em particular, mais rapidamente nos últimos duzentos anos, será vítima de catástrofes naturais a seu tempo". O livro "primavera Silenciosa", escrito por Rachel Carson (1962), foi um dos primeiros a alertar para os possíveis perigos da utilização excessiva de produtos químicos e pesticidas nas culturas e plantas afins. Ela avisou que estas práticas estavam a prejudicar diretamente o ambiente. As pessoas tomaram consciência destas observações, mas a gravidade da situação foi confirmada por uma libertação acidental de endosulfan em 1969, que provocou a morte de um grande número de peixes no Reno. O Reno, a força vital da Europa, sofreu outra calamidade, a "calamidade Sandoz". Em 1 de novembro de 1986, um armazém da Sandoz perto do rio incendiou-se. A água utilizada para extinguir o incêndio correu em grandes quantidades para o Reno, transportando enormes quantidades de produtos químicos, principalmente ésteres fosfóricos orgânicos e compostos de mercúrio, matando peixes e organismos aquáticos. Este desastre foi causado pelo caudal do Reno, que se estende desde Basileia, na Suíça, até Mainz, na Alemanha (cerca de 340 km). Os efeitos e os depósitos de produtos químicos foram observados por químicos e ecologistas no delta do Reno nos Países Baixos, no Ijssel (um afluente do Reno na Holanda), noutras localidades ribeirinhas e, finalmente, no Mar do Norte, onde o Reno termina o seu curso e acaba por descarregar. Isto levou a uma avaliação maciça do perfil de toxicidade dos compostos descarregados no rio, que revelou que os poluentes aquáticos dos compostos químicos tinham percorrido (principalmente paratião, metilazina-fos, cádmio, dissulfotão, etc.) mais de 700 km, causando danos biológicos na flora e fauna aquáticas, sendo os crustáceos e a fauna de insectos os mais afectados. De facto, a ecotoxicologia aquática, um ramo de estudo multidisciplinar que convida e colabora com todas as partes interessadas ou ligadas aos sistemas aquáticos, ganhou importância entre todos os tipos de poluição, porque todos os organismos precisam de água para as suas necessidades vitais. Isto é ainda mais verdade agora que a tolerância da natureza atingiu o seu pico, e "chega de pecado" são as mensagens que nos chegam de todos os cantos do ar, da água, do solo e dos ecossistemas. Todos nós, em todas as nações, somos confrontados com a degradação a cada passo, e as sociedades mais poderosas consideram-na como o resultado geral do progresso moderno. Este é um desafio à verdade!

**Afirmações repetidas sobre o aquecimento global**

É necessário examinar em pormenor todos os aspectos que foram brevemente mencionados no capítulo ! desta breve apresentação. Alguns pontos (que não precisam de ser discutidos em pormenor neste momento) merecem ser mencionados novamente e requerem uma explicação detalhada.

O primeiro grande alarme sobre o "aquecimento global" foi dado pelas catástrofes hídricas [relatório Climati Changes (2009)] e a "Comissão Brundtland" apresentou o seu relatório em 1987, intitulado "O nosso futuro comum".
Entre os problemas graves, os seguintes surgiram recentemente como alertas naturais:
O aquecimento global progressivo está em curso (efeito de estufa); o nível do mar poderá subir e ameaçar as zonas costeiras baixas    (os sinais são já evidentes).
A destruição da camada de ozono irá progredir muito rapidamente;    sim,    já    é significativa.
As cadeias alimentares e os ciclos minerais serão perturbados;
Os ecossistemas de água doce estão a morrer a um ritmo acelerado, principalmente devido às ervas daninhas e às actividades humanas que adicionam elementos metálicos ao bentos, encorajando o crescimento de ervas daninhas na massa de água.

**Problemas de água doce :**
Já nos apercebemos da importância de seguir as principais considerações no Capítulo I, e uma informação e discussão pormenorizadas podem estar para além do âmbito desta abordagem. Trataremos deste assunto num outro capítulo. Estas considerações são as seguintes:

(i)  Salvar todas as zonas húmidas e ecossistemas aquáticos do mundo

(ii)  As algas podem ser utilizadas para uma série de aplicações

(iii)  É importante secar as massas de água doce e eliminar os seus resíduos.

(iv)  Conservação das plantas medicinais no litoral: uma nova importância

(v)    Formação de florestas/reservas nacionais - Santuários

(vi)   Recolha de água da chuva

(vii)  Manter ou criar pequenas massas de água em aldeias isoladas e zonas florestais

(viii) Reparação de florestas e terrenos baldios degradados: precisamos de uma cintura verde em todos os municípios!

## Os jardins de conservação podem educar as massas

O ecoturismo deveria ser substituído por "bioturismo", e o turismo deveria incluir a melhoria dos conhecimentos básicos sobre a biodiversidade e a conservação. Foi também sugerido que cada reserva florestal nacional ou território deveria ter um jardim biológico perimetral e um laboratório de investigação para familiarizar o público em geral e os jovens com as espécies raras e ameaçadas de extinção que crescem particularmente nessa zona. Elaborei um plano pormenorizado baseado no conceito de "cartaz-rótulo". O conceito de cartaz-rótulo consiste em educar uma pessoa comum sobre as espécies vegetais, de modo a que a informação mais desejável e cientificamente útil seja comunicada de forma simplificada para informar o espetador sobre a utilidade prática da vida vegetal e da sua conservação. Depois de visitar o jardim, as pessoas devem ser convencidas a passar a seguinte mensagem: "Olha, as plantas não são apenas úteis para equilibrar o ambiente, mas há também muitas espécies que produzem medicamentos, produtos químicos e muitas outras coisas que salvam vidas. Para além disso, muitas espécies sobreviveram nesta terra durante milhões de anos, com as mesmas características. Muitas espécies de plantas ainda são as mesmas, em grande parte inalteradas, desde que os dinossauros dominavam a Terra. Estas espécies mantêm exatamente as mesmas características internas/importantes que tinham há vários milhões de anos. Os genes podem, portanto, evoluir rapidamente ou muito lentamente.

## Adiar e minimizar os prazeres do ar condicionado

As estatísticas mostram que as emissões gasosas (fluorocarbonetos, etc.) são responsáveis por uma grande parte dos níveis de poluição do ar, do solo e da água (Climate Report, 2009). Na esteira do progresso, nós, humanos, optámos incessantemente por um conforto cada vez maior, escolhendo a "refrigeração/ar condicionado" como primeiro alfabeto do "conforto". Embora seja impossível mudar esta abordagem, faço a mim próprio uma pergunta muito ingénua: para que precisamos de mercados e grandes centros comerciais com ar condicionado? Podemos conceber o arrefecimento do ar através da circulação do ar e de vários outros meios, incluindo a circulação de água filtrada através de resíduos. Posso imaginar? As nações não chegaram a acordo na última cimeira sobre o ambiente, mas isso é contrário ao conceito de "cidadania global". Infelizmente,

O homem nunca foi tão ganancioso nos séculos passados como nos últimos cinquenta anos, aproximadamente. O homem profundamente egoísta, com espírito de lucro e de perda, criou o inferno com os seus próprios esforços. Nas páginas da história, encontramos planeadores e heróis nacionais que visavam o bem-estar da raça humana; os homens e mulheres de hoje (mais de 60%) são políticos ávidos de mais dinheiro, poder e conforto. Estamos a ignorar deliberadamente a grande verdade, aparentemente filosófica, conhecida por todos os adultos sensatos: no fim, não teremos nada nas nossas mãos!

**Minimizar e controlar a produção de veículos**

Mais uma vez, esta é uma proposta perigosa que dificilmente encontrará muitos apoiantes. Mas teremos de reduzir ao mínimo a exsudação de energia combustível para a atmosfera. A água está a ser desperdiçada em todo o mundo por derrames de petróleo e por descargas planeadas de resíduos nucleares. Certos princípios que são universalmente aplicáveis e abolidos por todos devem ser elementos básicos de um "mundo melhor". Porque é que devemos ter veículos muito rápidos e pesados para todos, a não ser que sejam necessários devido a problemas climatéricos e de terreno; esses veículos não são certamente necessários individualmente nas planícies? Qual seria o mal se a produção de "grandes carros de luxo" fosse proibida ou drasticamente reduzida? E, acima de tudo, coloca-se uma questão muito prática: não podemos utilizar carros a bateria para fazer compras na cidade ou para deslocações locais? Qualquer tentativa de degradar esta conceção internacional da cidadania através de um símbolo de estatuto será uma ideia perfeitamente insensata; pelo contrário, essa simplicidade deve ser uma ideia nobre apoiada por todos os cidadãos e administrações esclarecidos.

Na minha opinião, a utilização destes veículos deveria estar isenta de imposto de circulação. Em todo o caso, o aquecimento global deve ser combatido a todos os níveis, pelos indivíduos e por toda a rede administrativa, onde quer que ela se encontre.

**Breve resumo**

**(1)** O progresso mecânico e o crescimento industrial assumiram formas gigantescas, deteriorando o equilíbrio do oxigénio, causando escassez de água e esgotando rapidamente a biota. As indústrias causaram tantos danos à biodiversidade e à saúde humana como os organismos patogénicos às populações.

**(2)** A sobre-exploração dos recursos naturais, incluindo a água, o ar e o solo, é a verdadeira fonte de riqueza e progresso, a corrida em que os países têm sido terrivelmente egoístas. As emissões de gases estão a aumentar, o aquecimento global está a aumentar e a água doce está a esgotar-se na maioria dos países. Temos de reparar os ecossistemas danificados.

**(3)** Os progressos da ciência médica têm sido milagrosos, mas a aplicação mais eficaz está longe de estar ao alcance do comum dos mortais. De facto, muitas descobertas e invenções só são financeiramente acessíveis a 2 ou 5% da população mundial.

**(4)** A produção agrícola permitiu que a população humana escapasse à fome, mas os políticos e as abordagens administrativas têm versões diferentes dos problemas impostos. Do mesmo modo, as descobertas científicas e as experiências altamente sofisticadas sobre as "culturas geneticamente modificadas", que na realidade se destinam a uma "utilização médica e restrita", são objeto de abusos políticos. A população humana será confrontada com novos riscos ligados ao progresso;

**(5)** O aquecimento global tornou-se um problema complexo, causado pelo homem, com um impacto universal, mas nenhuma nação tenciona cortar em luxos como enormes mercados com ar condicionado, carros de luxo de alta velocidade e demasiadas indústrias prejudiciais ao ambiente, em nome do chamado progresso moderno.

**(6)** A fim de popularizar a proteção da biota entre o público em geral, recomendamos a introdução do conceito de "bioturismo" em vez de "ecoturismo".

**(7)** Os terrenos estéreis ou as bacias hidrográficas de uma grande zona húmida devem ser plantados e rodeados de espécies ecologicamente adaptadas à zona e susceptíveis de produzir compostos medicinais importantes. Por outras palavras, pode apoiar uma indústria farmacêutica e autofinanciar-se para a sua manutenção geral, tal como proposto pelo nosso grupo em 1994.

**Toda a sujidade, plantas indesejadas e espécies invasoras nocivas devem ser removidas.**

## XI. ISTO NÃO É PROGRESSO

O homem evoluiu a partir dos primeiros mamíferos e os seus parentes mais próximos são os grandes símios, como o gorila, o chimpanzé e o orangotango. Em suma, quase todos os genes do nosso genoma provêm de parentes distantes, como as cobras, os cães, os porcos e até as moscas e os mosquitos. Assim, no nosso desempenho comportamental, alguns de nós expressam temperamentalmente características de abordagens cruéis e enganadoras. As principais características que compõem o comportamento humano básico são apresentadas a seguir: Temos genes e hábitos inerentes a traços comportamentais transmitidos e aprendidos na prática com os animais. Todos nós, incluindo todas as categorias de animais, temos as seguintes características documentadas no comportamento que é quantitativa e qualitativamente aleatório na sua distribuição; alguns têm mais, outros menos e alguns são bastante diferentes. O infeliz homem, que se tornou fisicamente forte, dividiu tudo e mais alguma coisa, ou seja, poder, riqueza e até entes queridos, para os seus próprios tesouros de prazeres sem fim, e acabou por dividir/particionar o mundo inteiro à sua volta para o chamado progresso. A história da humanidade tem assistido a muitos destes "conflitos de hóspedes", em que demasiadas fés e seitas (fracções de população estabelecidas na mesma região ou em regiões vizinhas) se confrontaram desde o advento de um culto a que chamamos "civilização". Surpreendentemente, esta situação persiste ainda hoje sob uma forma transformada. O homem, que se estabeleceu há mais de um milhão de anos como espécie no mundo biológico para dominar a natureza, tenta agora, com veemência, dominar o homem de diferentes cores, seitas, castas e comunidades, territórios nacionais para possuir cada vez mais espaço na mesma terra.

Existem apenas dois domínios de "origem humana", o progresso intelectual e a assistência médica ou as orientações sanitárias, que são universalmente aplicáveis à elevação do género humano. As lutas e os conflitos de território são características animais alimentadas por um comportamento mais animal que, infelizmente, é inseparável da nossa espécie. Os progressos intelectuais, sobretudo nos últimos cinco mil anos, foram enormes e, nos últimos trezentos a quatrocentos anos, foram atingidos objectivos demasiado rápidos a nível mundial. As portas da educação, os escritos originais, as pregações e os discursos, os desenvolvimentos linguísticos, as reformas na literatura, a formação da curiosidade que leva ao sentido da experimentação, os escritos nobres transformaram infinitamente o imenso ethos inigualável do nosso ser, o homem. Nenhuma espécie do mundo biológico tem consciência desta evolução intelectual. A revolução da ciência médica, que data de 5000 a.C. até os dias atuais, é outra grande conquista, e salvar vidas é o pensamento mais nobre moldado ao longo da evolução progressiva do homem. Afinal, somos seres humanos!

## Domínio universal da devastação

Nenhum poder na terra ou emprestado pelo céu pode eliminar o ódio, a inveja, o favoritismo e a sede de poder, que são os males fundamentais das características animais inerentes à evolução biológica do homem. A sede de poder não tem limites, nem forma, nem tamanho; nenhuma forma, tamanho ou dimensão pode ser um limite. O homem, *Homo sapiens*, considerado a espécie mais poderosa do reino animal, provou, sem margem para dúvidas, ao longo dos últimos dez mil anos e, em particular, nos últimos mil anos, que está destinado a progredir globalmente, apoderando-se de todas as virtudes e de todos os recursos naturais, vencendo todos os obstáculos representados por terras, rios, montanhas e até oceanos. Depois de migrar, o homem instalou-se em grandes castelos construídos sobre montanhas, rios, desertos e terras completamente reformadas, demarcando assim as fronteiras das nações. Ao longo dessa jornada, os conceitos de educação mudaram enormemente, e espíritos poderosos da literatura, da ciência, da matemática e gigantes da imaginação, nascidos ao longo de todos os séculos, em todo o mundo, transformaram essa terra num lugar para se viver com desejos eternos. A sede de progresso não tem limites!

Durante este período de desejo de poder e ódio, assistimos a uma enorme devastação de vidas humanas e ainda hoje sofremos, todos os dias, as atrocidades causadas de homem para homem. Estas atrocidades não são causadas por lutas pela terra, mas são ardilosamente guardadas pelo ódio; as reivindicações baseiam-se em pensamentos de baixo nível, em comunidades de castas e religiões, em políticas partidárias mal designadas, ignoradas pelos governantes.

## Governação futura das nações

O mundo inteiro precisa de uma governação adequada para cuidar dos interesses nacionais, mas sempre com respeito pelos valores humanos e pelas regras da nação. Se uma família é demasiado numerosa e todas as pessoas não podem viver na mesma casa, isso não lhes dá o direito de ocupar a casa de outra pessoa que tenha mais espaço. Invadir a terra de outrem é um ato totalmente desumano; este dogma aplica-se exatamente a todas as propriedades, bem como aos seres humanos de todas as nações, sem exceção. Mas o carácter animador "o poder faz o direito" sobrevive nos pensamentos e nas acções de muitos administradores em muitos países; porquê, devido à superioridade racial, monetária, de armas e munições. Isto não é progresso!

Propus um conceito de "governação nacional" cujo princípio maior e fundamental é o não reconhecimento de partidos políticos por candidatos que tenham ganho eleições democráticas. Só assim se pode cuidar da honestidade, dos valores éticos humanos, do progresso na realidade para uma democracia perfeita e da elevação de todos os cidadãos merecedores. Caso contrário, o ódio e o "religiosismo" estreito crescem e dão um rosto malformado à sociedade, com países sem lei em todo o mundo, especialmente na Índia.

E tudo porque a maioria dos políticos e das chamadas pessoas que contam conspiraram para matar a educação, o mérito e o verdadeiro talento, porque não querem ouvir uma palavra corajosa de "Não" a nenhum dos seus véus e à sua fome de cada vez mais dinheiro e, portanto, de poder. Sem qualquer definição, as nações progrediram, então?

### Reformar a educação - mas não através de um conceito de gestão

A maior desgraça deste mundo progressista é que o ensino básico, os níveis superiores de ensino, a formação avançada e a investigação, todas as facetas do mesmo conceito, a educação, nem sequer recebem proporcionalmente os mesmos fundos que receberam nos últimos cinquenta anos. As escolas, os colégios e as universidades não têm professores suficientes; os professores não podem cuidar dos seus departamentos ou instituições porque não sabem se serão mantidos no próximo ano. Todos os fundos são transferidos para viagens de luxo dos administradores e dos seus chefes políticos. E, sobretudo, em certos países ou Estados, os salários são muitas vezes demasiado baixos. Que pena, quando nos vangloriamos de que a nossa educação será de nível internacional? Os estabelecimentos de ensino estão a tornar-se as melhores fontes de rendimento para os milionários!

### Devem as empresas candidatas ignorar o mérito real?

Cito um princípio dogmático descrito num conto sânscrito sobre um ourives que subitamente se apercebe de que a moeda de ouro faz um som.
Ele disse: "Ei, o que é isso?
A moeda de ouro respondeu dolorosamente: *"Sabes, dás-me cem marteladas, incendeias-me várias vezes, cravas-me pregos e dás-me com o peito todo sem piedade, mas eu não choro, porque sei que alguém me vai enfeitar e orgulhar-se de mim; mas depois dás-me a maior tortura - quando me pesas com pedrinhas e sementes demasiado pequenas (pesos demasiado pequenos). Comparais a minha dignidade à mediocridade"*?
A experiência mais dolorosa para uma pessoa verdadeira, honesta, merecedora e sincera é quando é colocada em pé de igualdade com uma pessoa medíocre e incompetente de primeira ordem. E, infelizmente, esta é uma das
as melhores tácticas frequentemente utilizadas por muitos políticos e administradores. É muito doloroso.

**As abordagens sociobiológicas permitem reduzir a pobreza**

Originalmente, o termo "pobre" designava uma pessoa incapaz de satisfazer as suas necessidades básicas de alimentação, habitação e vestuário. No entanto, com a melhoria progressiva das práticas e do progresso materialista nas sociedades de um país e à sua volta, o desenvolvimento de infra-estruturas como edifícios, estradas, pontes, indústrias, etc., acompanhado por avanços incomparáveis e sem paralelo nas ciências, revolucionou o progresso humano global de várias formas. As grandes invenções (como a eletricidade) e as descobertas nos domínios da biologia, da medicina e da agricultura remodelaram totalmente o conjunto do progresso humano nas últimas cinco décadas. Atualmente, "pobre" e pobreza tornaram-se termos relativos de dinheiro e finanças que se aplicam a uma região e situação específicas. Uma pessoa pobre numa região pode ser mais rica do que uma pessoa pobre noutra situação. No entanto, o critério para os pobres e a prevalência dos níveis de pobreza seria o mesmo, ou seja, "um nível em que a maioria das pessoas não consegue satisfazer as necessidades básicas de alimentação, abrigo e vestuário numa determinada área".

Os níveis de pobreza são o produto de conflitos sócio-biológicos e foram tratados erradamente pela maioria dos partidos políticos e governantes que dirigem os destinos dos seus países. Estes administradores desviaram e diluíram os "problemas da pobreza", distribuindo dinheiro sem trabalho, concedendo bolsas de estudo de alto nível com todo o apoio financeiro, o que provocou uma perda total da cultura do trabalho entre as massas trabalhadoras. Além disso, grande parte do dinheiro é desviado para a construção de grandes monumentos arquitectónicos, edifícios que servem de montra, criam empregos lucrativos, actividades de lazer excessivamente caras e consumidoras de energia, centros comerciais com ar condicionado e objectos de prazer.

Milhões e milhões estão a ser gastos para criar poderosos parques ecológicos, violando a biodiversidade, construindo enormes barragens e reservatórios à custa de florestas naturais, rios e cascatas. Mais de 80% dos planos são concebidos para apoiar as sociedades ricas e têm como objetivo substituir o intelectualismo, o pensamento original e o mérito pela riqueza e pelos meios físicos. Nos países densamente povoados, os pobres são transformados num vasto grupo de pessoas letárgicas e preconceituosas, dividindo a sua atitude honesta e trabalhadora em duas grandes categorias: os pobres e os coitadinhos.
Porquê trabalhar quando já se pode ganhar dinheiro sem trabalhar?
somos pobres, os outros têm mais dinheiro, por isso, é melhor arranjar mais!
Na minha opinião, pelo menos na Índia, estamos a assistir a uma forte onda de

declínio da cultura de trabalho, a um aumento do número de toxicodependentes, a uma tendência crescente para a ganância em todos os sectores e a uma atitude altamente desrespeitosa e oportunista entre quase todas as categorias de pessoal, a todos os níveis.

Por um lado, não há empregos e, por outro, há 25 a 40% de pessoas que recebem dinheiro de graça ou sem trabalho? Esta disparidade, propagada pela nossa atual administração ao longo dos últimos 25 anos, é 80 a 90% responsável pelo acentuado declínio do nosso carácter social.

Os níveis de pobreza podem ser reduzidos seguindo as abordagens mais adequadas para os países em desenvolvimento:

1. Estamos a criar dez vezes mais empregos para trabalhadores não qualificados através de pagamentos baseados no trabalho;
2. Incentivar as indústrias locais e artesanais (indústrias de pequena escala)
3. Apoiar as pessoas idosas com base na idade e nunca com base na discriminação por pertencerem a uma comunidade étnica.
4. Não há distribuição de dinheiro; apenas devem ser alargadas as infra-estruturas educativas e médicas. Todos devem aprender a ganhar o "mínimo".

Ter mais dinheiro não é um direito inato de todos, mas as necessidades básicas devem ser satisfeitas pela administração para que o tamanho da família seja o ideal. A sobrepopulação deve ser travada "já".

Além disso, os governos terão de optar pelas necessidades reais do país e da população em geral, em vez de gastarem milhares de milhões de dólares em edifícios vistosos, que abririam caminho à corrupção! As reformas do ensino baseadas no reconhecimento do mérito e a gestão da saúde são muito mais importantes do que estes pseudo-monumentos de uma nação. É uma loucura vangloriarmo-nos do progresso dos edifícios!

# XII. O HOMEM SOLITÁRIO

O aumento extremamente rápido das populações humanas e os enormes avanços tecnológicos multidisciplinares mostraram claramente que não aprendemos a viver com um mínimo de harmonia, apesar de as populações humanas terem sofrido e continuarem a sobrecarregar as nossas espinhas com graves problemas em consequência da Primeira e da Segunda Guerras Mundiais. Imediatamente a seguir, como nobres seres humanos, criámos muitas organizações internacionais, como a ONU, a OMS e outras organizações internacionais irmãs, para proteger, ajudar e dar oportunidades a todos os seres humanos, independentemente da nacionalidade, da língua e de outras variações humanas. Não só para os seres humanos, mas também criámos excelentes organizações em todo o mundo para preservar todas as formas de vida. Mas há uma outra imagem que quase nunca foi captada, a do "ódio", o primeiro e mais mortífero dos blocos de construção da "ganância humana". Mini guerras, de uma forma ou de outra, estão em curso em muitas partes do mundo. Pensamentos e acções nobres geraram intelectos de alto nível, e devemos tudo isso à nossa herança evolutiva como seres humanos. De um ponto de vista biológico, o homem é o beneficiário das dádivas evolutivas sob a forma de genes de todos os animais pequenos e inferiores. Para sermos mais precisos e pragmáticos, mesmo um ou mais cromossomas humanos, como por exemplo o cromossoma Y, foram moldados no decurso da evolução a partir de pequenos fragmentos de várias sequências e reunidos num único cromossoma unitário que representa um mosaico de sequências de ADN com homologia em muitos organismos. Isto também implica, como as técnicas modernas de biologia molecular demonstram muito explicitamente, que um gene funciona de uma determinada forma num organismo e tem uma função diferente noutro, devido a diferenças de posição nos diferentes cromossomas. Em suma, os genes humanos não são "exclusivamente humanos", mas pertencem a muitos organismos. Por isso, biologicamente, o ser humano deve todas as suas virtudes também a todas as outras espécies. Por outro lado, os seres humanos, na miragem do progresso, lutaram pela modernização criando problemas excessivamente desagradáveis que tornam "as suas próprias vidas" miseráveis. Nos últimos tempos, as situações de aquecimento global provocadas pelo homem têm surgido de tal forma que o futuro se torna cada vez mais ilusório". Estará o homem a cavar a sua própria armadilha mortal? É o que dizem os cientistas, e com toda a sinceridade. Todos os cidadãos, mesmo os menos conscientes dos problemas ambientais, devem estar convencidos de que as emissões gasosas, sob diversas formas, prejudicaram a nossa biologia e o nosso ambiente, nomeadamente nos últimos 30 anos. O nível do mar subiu, as flutuações de temperatura são demasiado frequentes e o calendário natural de controlo do clima está a enfraquecer? Vejam as nossas realizações como "homem"!

A vida desenvolveu-se na água há centenas de milhões de anos. No nosso corpo, cada célula contém, em média, 80-90% de água; mas, tão desesperadamente, o aumento interminável da população humana e os "benefícios económicos" sempre crescentes conduziriam a uma convulsão biológica. O homem progrediu, mas para quê? Segundo as estimativas, muitos países poderão ficar sem água potável dentro de cinquenta anos ou mais. O homem, que conquistou em grande parte a natureza nos últimos dez mil anos, será vítima de catástrofes naturais a seu tempo. O homem como indivíduo de uma espécie será deixado para trás como um ser humano solitário, porque ainda existem muitos indivíduos humanos que podem sobreviver a todas as catástrofes futuras. De acordo com os antigos escritos religiosos e filosóficos indianos, "o homem é solitário, um ser verdadeiramente solitário; ele veio sozinho e permanecerá sozinho".

**Pessoa solitária**

Numa família em que há sobreviventes de três gerações, pode ouvir-se a história de um indivíduo retraído, calmo e tranquilo, totalmente isolado ou perdido em si próprio, que pode ter crescido quase da mesma forma desde a infância. Cerca de 50% destas pessoas devem-se à interação complexa de factores essencialmente genéticos e de situações ambientais benignas. Nestes casos, o papel dos factores ambientais é quase negligenciável, uma vez que se verificou que estas pessoas provêm de famílias abastadas, com um nível de educação elevado e bem cuidadas. Algumas delas enquadram-se num dos três estados esquizofrénicos (ligeiro, agressivo e oportunista comprometedor). Mas muitos podem ser simplesmente "introvertidos". Noutro lugar, discuti em pormenor todos os aspectos do comportamento humano que diferenciam e classificam os introvertidos, os solitários e as verdadeiras personalidades esquizofrénicas. Mas a conclusão é que a vida humana tem demasiadas complicações e o desempenho real de uma pessoa ao longo da vida é demasiado imprevisível.

**O papel da governação nacional :**

*Quem quiser tornar-se escravo é, antes de mais, um escravo!*
Podem rir-se do facto de eu me referir ao poder ou à governação em termos da influência que exercem sobre o comportamento de muitos homens à vista da opinião pública. Mas o mundo inteiro está a assistir às maiores convulsões persistentes na vida social, que são praticamente o resultado do favoritismo, da discriminação entre classes, castas e comunidades e do ódio gerado pelo ciúme persistente devido a regras erradas ao longo de décadas. Não há poder na Terra que possa travar estes actos humanos infelizes, porque as chamas da corrupção e da ânsia de poder nunca podem

ser extintas. Desde tempos imemoriais, todos os grandes homens e mulheres, sejam eles santos, selvagens ou mensageiros de Deus, pregaram a harmonia, a paz, a fraternidade e o amor a todas as formas de vida. O homem dividiu-os, de forma desonesta, em religiões. Escusado será dizer que a governação nacional, com planeamento legítimo, igualdade de direitos e reconhecimento merecido, minimizou incidentes infelizes onde quer que tenha sido aplicada com motivações nacionais. A corrupção começa sempre no topo e vai descendo. A corrupção deve ser quebrada, não invertida; a pregação tem pouca influência sobre o homem moderno que tem o seu "telemóvel na mão".

Isto é tanto mais importante para uma nação saudável quando muitos académicos, grandes mentes, nacionalistas, soldados corajosos e cidadãos sinceros, continuamente ignorados, insultados e frequentemente equiparados ou comparados a mediocridades, optam por permanecer no exílio solitário. Muitos grandes cidadãos foram assassinados, sob o chicote de homens e mulheres poderosos e politicamente ricos. É uma perda nacional!

**Todos precisam de antecipar e planear as dificuldades da vida!**

**Sugestões de leitura**

Agarker, M. S., Goswami, H. K., *et al.(1994) Biology, Management and Conservation of*
*Bhoj Wetland I. Ecossistema do lago superior em Bhopal.* Monografia de Bionatureza
(1-119).
Agrawal, A.L. (1988) *Air pollution control studies and impact assessment of stack and fugitive*
*da fábrica de cimento ccl akaltara.* Publicado por NEERI, Nagpur.
Agarwal, S.K. ( 1986) *Uma nova função de distribuição da concentração foliar de fenol na avaliação de*
*plantas pelo seu índice de tolerância à poluição atmosférica.* Ata Ecol. 8; 29-36
Bajpai, A. K., Agarker, M. S. & Goswami, H. K. (1996). *Biologia, gestão e*
*conservação da zona húmida de Bhoj III. Composição florística em torno do Lago*
*Superior, Ecossistema, Bhopal.* Bionature **16** : (1 & 2) : 53-64.

BHAGWAT GEETA: Gorakhpur Índia (Evangelho indiano).

Bajpai, A. K. & Goswami, H. K. (2000). *Avaliação da tolerância aos metais em Polygonum*
*glabrum.* Physiol. Mol. Biol. Plantas **6**: 149-152.

Climate Change: *Global Risks, Challenges and Decisions Copenhagen (2009)*
*Relatório de síntese da Universidade de Copenhaga* - ISBN-978-87-90655-68-6.

Galston, A. W. (1963) *The life of the green plant (A vida da planta verde).* Prentice
Hall of India. Nova Deli

. Goswami, H. K. (1981). Notas biológicas sobre Bastar. *Bionature* 1 : 1-10.

. Goswami, H. K. (1985). Population Biology of Bastar Tribes. Em Ecology and
Resource management in Tropics, Varanasi, Índia.

Jain, N. & Goswami, H. K. (1985). Genética das variantes naturais V. Genes ABO de
células falciformes na tribo Bharia de M.P. *Bionature* 5 (1) : 23-27.

Saha, N. e Goswami, H. K. (1987). Alguns marcadores genéticos sanguíneos nos

Korkus da Índia Central. *Human Heredity*. 37 : 273-277.

. Goswami, H. K. (1990). Sociological Implications of Genetic Demography (Implicações Sociológicas da Demografia Genética). In: Demography of Tribal Development B. R. Publishing Corp. Delhi (eds.: Ashish Ghosh *et al.*).

. Goswami, H. K. & Chandorkar, M. S. (1993). Haemoglobin and our Tribes (A hemoglobina e as nossas tribos). Monografia nº. Sociedade de Bionaturalistas, Bhopal.

. Genetics and public health: some considerations in the Indian context, pp. 1-14. In: Genetics & Public Health, Catholic Press, Ranchi (1983). Edt. H. K. Goswami.

População da biologia das tribos de Bastar, pp. 64-70. In : Écologie et gestion des ressources sous les tropiques. Vol (1). Bhargava Book Depot Varanasi (1985).
Edt. K. C. Misra.
Impacto biológico dos riscos industriais: uma referência à tragédia do gás de Bhopal.
In: Comparative Environmental Mutagenesis, USG, Ludhiana.

Implicações sociobiológicas da demografia genética, pp. 143-149. In : Démographie du développement tribal (1990). Edts. Ashish Bose, U. P. Sinha & R. P. Tyagi.
11. Conservar os ecossistemas in *toto*. In: Biodiversidade e meio ambiente. In ABH Pub. Nova Deli 1996

Goswami, H.K. (1987) *Biological impact of Industrial Hazard: A reference to Bhopal gas tragedy.*in *Comparative Environmental mutagenesis.* Edt. I. S. Grover, U.S.G. Publishers, Ludhiana. Actas, Simpósio Nacional, Universidade Guru Nanak Dev, Amrirsar, Índia.

Goswami, H.K. (1993) *A experiência de Bhopal! Deveremos retirar dela algumas lições mínimas?* In, Environmental ruin: The crisis of survival. (Edt. R.M.Lodha) pp.287-291. Indus Publ. Nova Deli

Goswami, H.K. ( 1996) *Conserving ecosystems in toto.* In, Biodiversity and Environment. (Edts. S.K.Agrawal, S.L.Tiwari & P.S.Dubey)pp. 135-140. APH Publ. Corpn. Nova Deli

Goswami H.K. (2009) *Editorial,* in, Bionature ,29 (2) iii.

Guru D. Sushma (2007), *Prospect of Biomonitoring of Pollution in aquatic system by Algal (Chlorophyceae) Assessment.* Indian J. Environ. & Ecoplan. **14** (3) : 651-654.

Guru, S.D. & Goswami, H.K (2011) Aquatic Biodiversity Assessment should trigger freshwater body monitoring and conservation. In, Microbial Biotechnology and Ecology.
Edts. Vyas, D. et al. Daya Publishing House , New Delhi ; pp : 773-779

Haldane, J.B.S. & Huxley, J.( 1950) *Animal Biology.* Reimpresso em, Modern Scientific Thought. The Home Library Club . The Times of India. Bombay.

Jeans, James (1950) *The Mysterious Universe.* Reimpresso em Modern Scientific Thought. The Home Library Club. The Times of India. Bombaim

Kingsford, R.T., Biggs, H.C. e Pollard, S.R. (2010). Gestão Estratégica Adaptativa em áreas protegidas de água doce e seus rios. Biological Conservation 144, 1194-1203.

Ramkrishna Mission Publications: *The Cultural Heritage of India* Vols. I -IV (1975). Calcutá

Roy Chowdhury, A.K. (1975) *Bharatvarsha.* AK Roy Chowghury. Publ. Calcutá, Deli

Tiwari, S. & Bansal, S. ( 1996) *Evaluation of tree species for plantation in an Industrial complex.* In,Biodiversity and environment. Pp 111-123 (Edts, S.K.Agarwal, S.Tiwari & P.S.Dubey. APH Publ.Copn. Nova Deli

Voltolina, D., Gomez-villa, H. e Correa, G. 2004. Produção de biomassa e remoção de nutrientes em cultura semicontínua de *Scenendesmus* sp (Chlorophyceae) em águas residuais artificiais sob ciclo diurno noturno estimulado. VIE MILLIEU. 54 : 21-25.

Woodward, F.I. & Sheehy, J.E. 1983. *Princípios e medições em biologia ambiental.* "Strategic Adaptive Management (SAM): guidelines for effective conservation of freshwater ecosystems" disponível em http://www.wetrivers.unsw.edu.au/wp-content/uploads/2012/05/Strategic-Adaptive-Management 2012.pdf.

Printed by Books on Demand GmbH, Norderstedt / Germany